让青春之火燃烧永恒，让生命闪电划过天际，把所有热情投入工作，让年轻的梦想没有终点！

既然想到了，为什么不去做？！

百思不如一做！

中国言实出版社

图书在版编目(CIP)数据

你为什么不去做:做比想更重要/刘云伟,王龙泉编著.—北京:中国言实出版社,2012.1
ISBN 978-7-80250-718-0

Ⅰ.①你…
Ⅱ.①刘…②王…
Ⅲ.①成功心理—通俗读物
Ⅳ.①B848.4-49

中国版本图书馆 CIP 数据核字(2011)第 267235 号

出版发行 中国言实出版社
地　址:北京市朝阳区北苑路 180 号加利大厦 5 号楼 105 室
邮　编:100101
电　话:64924716(发行部)　64924735(邮　购)
64924880(总编室)　64914138(四编部)
网　址:www.zgyscbs.cn
E-mail:zgyscbs@263.net
经　销 新华书店
印　刷 北京绿谷春印刷有限公司
版　次 2012 年 2 月第 1 版　2012 年 2 月第 1 次印刷
规　格 710 毫米×1000 毫米　1/16　14.5 印张
字　数 180 千字
定　价 32.00 元　ISBN 978-7-80250-718-0/B・268

PREFACE

前言

你是不是总得不到领导认可，在别人眼中也是一名懒散的员工？

你是不是有一个心愿要去实现，却始终埋在心底，一直不能付诸实施？

你是不是制定了一个目标，还没行动就转而盘算新的目标？

你是不是拟好了一个计划，却很快将其抛诸脑后，就像从来没那么回事一样？

你是不是一次次在领导和同事面前信誓旦旦地说要做某事，后来大家一提起你就支吾搪塞？

你是不是总是感叹别人心想事成，而自己至今一事无成，根本看不到晋升的希望？

这一切都是为什么？

答案很简单，就是你从不将自己想做的事付诸实践，或者一遇挫折就马上放弃——你是一个只想不做的员工。

对此你可能反驳，给出很多理由：我能力还不行！我没时间！条件不好！时机还没到！环境还不允许……但没做就是没做，没做就是问题！做自己想做的事，对自己负责，寻找自己人生的意义，这是每个生命诞生后都有的使命。而你的不幸、你的蹉跎、你的痛苦、你的无聊、你的不快乐不幸福，很大程度上就是因为你该做的事而没去做！什么是你该做的事？就是你喜欢做、想做、愿意做的事，就是能带给你满足、快乐的事，就是能让你感到对自己、对他人有意义的事。

为什么你会畏首畏尾、不敢行动？不要为自己找借口，找借口的结果仍然是不做，而不做就是你诸多不幸的"病根"。

本书就是要告诉你：要去做，敢于做，决心做，坚持做，会做事，乐于做。

做就意味着付出,做就意味着责任,做就意味着风险,做就意味着坚守,做就意味着品尝人间百味。只有真正去做了,我们才能摆脱空想、借口,才能跳出想得太多做得太少的“陷阱”,才能变得果断,远离犹豫不决。没有做,就只剩下空想和幻想。

行动往往是事情的最佳解决方案,全力以赴做了之后,一切才能见分晓。更重要的是,只要去做,就有收获。立即行动我们才能抓住机会,而实践可以锐利我们的思想,让我们的选择、判断、推理更接近实际,更准确、更有指导意义。实际去做,我们才能提高能力,挖掘潜力,任何能力的培养、潜力的激发都是在真正做事的过程中实现的。果断行动还能让一切变得简单,一切可能的风险、可能的困难、可能的机遇、可能的成败都将在切实行动后水落石出,只想不做是不可能得到答案的。

人的一生就是不断遭遇问题和困难,解决问题和困难的过程。因畏惧困难和问题而不敢行动,就等于放弃了人生,让人生之树还未开花就已凋零。方法总比问题多,但更重要的是我们首先要从心底战胜困难,要始终保持自信,敢于在逆境中坚持,用坚持成就人生。

其次,我们要巧用方法、智用策略,懂得做事、成事的大智慧,只要肯开动脑筋,积极想办法,就没有过不去的火焰山。

最后,我们要学会乐于做事,享受做事的过程。成功是一时的,而快乐则是长久的,只要我们乐在其中,那么就能在人生的路途中饱览沿路的风光。

要去做,敢于做,决心做,坚持做,会做事,乐于做,做自己喜欢的事情,你的人生就找到了依归,你的灵魂就有了寄托,你就远离了空洞、无聊、不快、悲伤……你就找到了真正的、独一无二的你。人生是在做事的过程中得到丰富、滋养和塑造的,同样,一名会做事的优秀员工也是这样培养出来的。

目录

Contents

上篇

想做事，敢做事

第一章 要去做：不要一直只是在想

机遇总是垂青那些将想法付诸实践的人。所以，要让自己成为一名优秀员工，就不要一直在想，而应在工作中积极地去做，将每一件工作都做好，将每项工作任务都保质保量地完成。

1. 你为什么总是停留在想法上/4
2. 空想之树永远不结出果子/6
3. 行胜于言/8
4. 一千打好主意比不上一个行动/10
5. 别为不去做找借口/12
6. 想得越多，越不敢去做/15
7. 积极行动是掌握命运的开始/17
8. 最后的判断：能做还是不能做/20
9. 做好事从超越自我开始/22
10. 要去做，就要先做最重要的事情/26
11. 适应环境：要去做事的第一步/28
12. 坚持做，坚持反省/32

第二章 敢去做：做是一种习惯，也是一种品质

养成敢于做的习惯，既是做好工作的重要保证，更是一种可贵的品质。做一个敢于做的员工，才能够在工作中实现目标，让自己的价值最大化，成为企业中不可或缺的优秀员工。

1. 机会不会两次来敲门/36
2. 做会让想更富有价值/38
3. 行动是解决问题的最佳方案/40
4. 没有不可思议的目标，只有不可思议的期限/42
5. 认为自己能，就没什么不能/44
6. 当做成为一种习惯，一切就会变得简单/48
7. 必须摒弃只想不做的习惯/50
8. 敢做是激发内在潜能的挖掘机/52
9. 多一条退路，少一分勇气/54
10. 时机多是在行动中成熟起来的/56
11. 速度决定成败/58

第三章 放手做：积极面对行动中的阻碍

放手做，就是在遇到困难的时候敢于面对，不惧怕、不后退，勇敢地去做。换句话说，只有在工作中能够积极地面对行动中的阻碍的员工，才有可能成为优秀员工。

1. 障碍是指向成功的路标/62
2. 面对障碍：决心比能力更重要/64
3. 先从内心战胜障碍/67
4. 要么打破僵局，要么停滞不前/69
5. 内心的波动让你看不清障碍的真面目/72
6. 把注意力集中在眼前可以做的事情上/75

7. 控制能控制的，放下不能控制的/78
8. 1%的机会，100%的努力/81
9. 相信自己，一切皆有可能超越/84
10. 放手去做，从高效会议开始/87

第四章 坚持做：成功就是挺过一个个难关

人的一生，离不开工作。

如果说人生就是一场马拉松，那么工作也无疑是另外的一场马拉松。所以，我们在工作中就应该有马拉松运动员的精神，坚持下去，坚持做到最后。

1. 成功就是挺过一个个难关/90
2. 忍受是一种力量，挺住是一种素质/92
3. 最大的干扰，来自不够坚定的内心/94
4. 决不放弃：我相信我能/96
5. 99%的成功渴望抵不上 1%的放弃念头/99
6. 没有解决不了的问题，只有暂时没找到的方法/101
7. 不放弃的是方向，要改变的是方法/103
8. 成功者都是将优势发挥到极致的人/105
9. 面对难关，成功者想的与众不同/106
10. 在逆境中征服痛苦，获得胜利/108
11. 在坚持中善待自己，凡事不必苛求完美/110
12. 无限价值的创意，让你的坚持永无极限/113

下篇

会做事,做成事

第五章 巧做:找准方法、事半功倍

企业需要员工付出的更多是"功劳"而不是"苦劳",是"效益"而不是耗"时间"。面对纷繁的任务和变化的环境,员工常常感到十分辛苦,却无法提高工作效率,更有甚者快而出错,常常需要从头返工,得不偿失。这个时候你该问问自己:是哪里出了问题?

1. 巧做:只要方法对,问题就迎刃而解/120
2. 正确界定问题/123
3. 连问5个"为什么"/125
4. 找准问题的突破口/128
5. 找到问题的根源/130
6. 巧妙分解问题/132
7. 创造性模仿/134
8. 破旧立新/136
9. 简化思维/137
10. 从结果出发去思考/139
11. 发散性思维能催化出聪明的员工/141
12. 巧做,就是要学会与别人协调工作/144
13. 巧做,从转变观念开始/147

第六章 智做:用对策略,让不可能成为可能

俗话说"磨刀不误砍柴工"。在工作中,提前对整体局势做一个清楚的分析、安排、筹划,之后再条不紊地去做,才能够将工作做到最好。要想成为一名优秀员工,在工作中要提前做出筹划,同时也要学会边做边想,及时更正思路以优化工作步骤。

1.谋定后动:先做谋划再做事/152
2.随时掌控事情发展态势/154
3.不仅要正确做事,更要做正确的事/157
4.学会借用他人的能量/159
5.主动争取才会有机会/161
6.伺机而动:看准时机马上出手/163
7.稳扎稳打,循序渐进/165
8.舍得短利才能得长利/167
9.敢于冒险:关键时刻勇赌一把/169

第七章 “笨”做：有时“笨方法”才是最管用的方法

一千次空想,也比不上一次实干。企业里最缺少的不是“聪明的想法”,而恰是“笨的做法”。这里说的“笨”方法,是不求取巧,是埋头苦干、反复研究,将每一件小事执行到实处,将每一件难事重复一百遍直到熟练为止。

1.实干精神:停止空谈,认真去做/174
2.成功就是全力去做并不断重复/176
3.埋头做事,遇事不要总抱怨/179
4.量化工作,一步一步完成/181
5.脚踏实地将小事做到位/183
6.毅力:锁定目标不分神/185
7.勤动手:随时把灵感写下来/188
8.持续提升:每天进步 0.1/190

第八章 乐做：在行动中享受成长的快乐

最棒的工作体验是什么？用四个字形容,叫做“乐此不疲”。当你全身心地投入某项自己喜欢的工作时,会感觉时间飞驰而不是度日如年,会感觉身体的每个毛孔里都充满热情和愉悦,即使工作量大、工作辛苦也不知疲倦。发现了工作的乐趣,也就找到了实现人生价值和使命的途径。优秀的员工必定是乐在工作的人。乐在工作的本质是享受工作,享受自我成长和价值实现的快乐。

1.越快乐越成功/194
2.重新认识自己,让我们的工作更快乐/196
3.乐在其中:享受做的乐趣/198
4.快乐工作是享受过程:看结果,更要看过程/200
5.快乐着一步一步达成目标/203
6.快乐做事是一种高效的工作状态/204
7.快乐做事和做快乐的事/207
8.快乐比成功更重要/208
9.快乐工作,就是不断改变自我形象/210
10.乐在工作,也是一种权利/212
11.乐在工作,也是一种能力/214

附 录

测试你是不是“乐于去做型”员工/217

上篇　想做事，敢做事

第一章　要去做：不要一直只是在想

机遇总是垂青那些将想法付诸实践的人。所以，要让自己成为一名优秀员工，就不要一直在想，而应在工作中积极地去做，将每一件工作都做好，将每项工作任务都保质保量地完成。

1

你为什么总是停留在想法上

不管我们在想什么,想了多久,也不管它如何令我们神往,如果不能将它具体落实在行动上,一切都是零。

无论过去如何、现在如何,几乎每个人都憧憬着明天的美好。

诚然,明天是支撑今天的重要动力。谈及明天,我们总是有很多美好的愿景。正是因为有了这些愿景,我们才能乐此不疲地工作,时刻怀有希望。

可是,想法再多再好,如果不去付诸行动,一切也只是零。也许你曾梦想在企业中披荆斩棘,修炼成为某一领域的精英人士;也许你曾梦想成为企业中的高管,每年拿着令人艳羡的薪水。但结果呢?你是否实现了这些梦想,还是仅仅把它们当成了空想?

想和做,一个天上,一个地下,相距十万八千里。为什么同一家企业中,有人就能步步高升,不断地突破自己、超越自己,有人却一直默默无闻,做着毫不起眼的工作?那是因为——不管你在想什么、想了多久,也不管它如何令你神往,如果不去做,不将其具体落实在行动上,一切都只是空谈。

大家应该都听过守株待兔的故事:一名农夫在地里干活儿的时候,突然一只野兔从草丛中窜了出来,因为见了人受到惊吓,它开始慌不择路地逃跑。最后,由于跑得实在太快,野兔一头撞死在树上。什么都没做就得到了一只兔子,农夫觉得非常幸运,拿着死兔子高高兴兴地回了家。自那以后,农夫每天再也不去田里干活了,一心在树边等着其他兔子自己撞上来。睡觉的时候,他还梦到在树边捡了很多死兔子,多得家里都快放不下了,最后他靠着卖兔肉兔皮成为了一个大富翁。然而,黄粱梦醒后,农夫才发现自己非但没有再等到撞到树上的傻兔子,家中的田地也逐渐荒芜,一年下来颗粒无收。因为这件事,古代这位宋国农夫成为了被人耻笑的对象。

现在的很多企业中,只想不做或想得太多做得太少的员工都大有人在——这主要是懒惰心理和侥幸心理在作怪。这些人就像是坐在树边等待兔子的农夫一样,幻想着什么都不做就能有所收获,但这样的好事一百年也难遇到一次。

还有一类员工,他们本来拥有远大的理想,但总是感觉理想和现实相差太远,因而开始不敢面对内心的追求,不敢去用行动实践自己的梦想,只会每天为自己设定一些无用的工作计划。为了减少理想难以实现所带来的痛苦,他们不断降低自己的工作标准,明明心里想做得更多,却总是消极去应对。而这,也让他们成为了平庸的员工。

一次次制定好计划,但又一次次下不了决心去落实计划,直到最后不了了之,这就是很多员工一直不能超越自己,实现人生理想的根本原因。总是在想而不去做,工作的积极性就会慢慢消磨掉,久而久之也就丧失了雄心大志。

如何改变这种空想的状态,让自己打起精神,向着优秀员工的目标迈进呢?唯一的办法就是丢掉懒惰或畏难的心理,立刻行动起来。当你真正下定决心要做一件事的时候,身上就会拥有无穷无尽的力量,也会重新燃起实现梦想的激情,而这份激情与力量,最终会帮助你突破身上的束缚,战胜前进道路上的所有困难。

如果你现在还是一名在企业中默默无闻的员工,依旧每天徒劳无功地制定各种无用的计划,那么请思考一下这个能让一切发生改变的问题:你为什么不去做?当你找到这个问题答案的时候,也就是你脱茧而出,化蛹成蝶的那一天——做一个优秀员工,将不再是梦想,而是成为现实。

2

空想之树永远不结出果子

在一个只有想没有做的世界里,我们很难看清真实的自己。

空想很美好,也很容易,因而常常成为那些只想不做者的精神鸦片。然而,若是对得不到的东西就用空想来满足,到后来你就会发现自己什么都没有得到。

幻想一百次,不如实干一次,想要成为企业中的优秀员工,敢想更要敢做。努力去做不一定会成功,但即使失败了也依然会怀有希望。可如果你连尝试一下都不想、不敢,那么就连一丝成功的机会也没有。

2007年秋天,从一所名牌大学毕业后,张浩来到本地一家工厂做技术员。这份工作对于一个刚刚从学校里出来的年轻人来说还算不错,但张浩却不甚满意。对于他来说,这份工作是暂时的,只是他成就人生理想的一个跳板。他真正的梦想是成为企业中的高层管理人员,这样他就可以一展抱负,让自己的人生价值得到最好的体现。

怀揣梦想没有错,有梦想才有目标,但张浩的问题在于——空有雄心大志,却没有脚踏实地去干的劲头。刚来到这家企业时,张浩在工作上还有一些激情,但时间一长这点激情就被枯燥的工作给磨灭了。张浩每天来上班,不是为了用心工作,而是把应付完工作当作每日唯一的目标。闲下来的时候,他也没有去进行自我提升,而是将大把大把的时间都浪费在了空想之上——他整日都幻想着自己会步步晋升,有朝一日成为工厂中的高管,沉浸在白日梦中不能自拔。显而易见,以这种工作状态当然做不好工作,为此张浩没少挨领导的批评,但是他依然这样子每天空想。

在张浩的设想里,自己头顶着名牌大学高材生的光环,又有着帅气的外表和不错的人缘,自己成为工厂中的高管是迟早的事情。然而,幻想很美好,但现实却是残酷的,沉浸在空想之中而不去拼搏奋斗的张浩,在企业里始终只是一个默默无闻的技术员。和张浩一同入职的几个同学,大多都在工作中做出了可喜的成绩,纷纷得到了上级的赏识与重用。看到同学们都先后高升,张浩也常常会心急。但是,他心急的表现也仅仅是偶尔拿出一点做实事的样子罢了,当三分钟热情过后便又不再去努力,而是继续自己的"白日梦"。

后来,这家企业受到金融危机的影响,被迫要裁人来削减开支,一向工作不积极的张浩出现在了这份名单之中。每天都幻想着成为人上人的张浩,不但没有实现自己的理想,还失去了得来不易的工作,生活越发变得艰难。

张浩犯过的错误,也是很多员工犯过或是正在犯的错误。有梦想是好事,但光有梦想是远远不够的,梦想要通过脚踏实地的工作来实现,否则梦想就成为了空想——我们每个人都并不缺乏成功的天赋,只要努力去做,都能够在自己的岗位上做出一番惊人的成就。

所以,我们要经常问自己的问题是,你真正去脚踏实地地做了吗?

空想之树也许看似茂盛,但却永远不会结出果子,喜欢空想只会让我们养成拖延的坏习惯。爱空想的人,总是畏惧行动,害怕行动,表现在工作上就是他们消极怠工,缺乏进取心和拼搏心,这是阻拦他们成为优秀员工的重要障碍。

空想是人生的一个陷阱,也是工作中的最大阻碍,在这个陷阱与阻碍面前徘徊的时间越长就越难以醒悟。空想是一棵永远不会结果的树,虽然我们心里清楚它不会结果,但还是辛勤地给它浇水、施肥——除了安慰自己外,这其实没有任何实际意义。

你是否经常陷于空想之中呢?如果有过或正处于空想中,那么就应该振作起精神,果断地行动起来,不要继续在空想中沉沦。空想的树再茂盛和绚烂,对于我们来说都只是一种假象,只会让我们离自己的目标越来越远——你永远都不会成为一名优秀员工。

3

行胜于言

最重要的就是不要去看远方模糊的,而要做手边清楚的事。

只有主动去做事,积极落实自己的想法,才真正夺回了生活的主动权。

“行胜于言”不是不言,而是言必求实,以行证言。在清华大学的校园中心,竖立着一块“行胜于言”的石碑,这是清华几十年来所尊奉的教学精神,也是清华学子用以自勉的求知精神。可以说,正是这种精神,让水木清华得以屹立于高等学府之林,源源不断地为国家培养出优秀的人才。

事实上,“行胜于言”,不仅是清华教学成功的秘诀,对于每一个人来说都是应该作为人生座右铭的格言。因此,对于那些想要在企业中有所作为的员工来说,这种实干精神同样有着重要的指导意义。如果我们只说不做,这个世界上能够帮助我们的也许只有上帝了。但是,依靠上帝终究不是一件现实的事情。所以,我们在工作中一定要清楚明白:再好的想法,如果不去落实,最终只能是空想,就好比要打造空中楼阁一样不切实际。

迄今为止,人类所有的文明都建立在实干这一“地基”上。如果留心观察我们身边你可能会发现,企业中有些受过高等教育的员工,他们在书本上学到了很多有用的知识,对于未来也有美好的构想,但由于没有去做事,没有采取足够的行动去达成自己设定的目标,结果到头来依然两手空空、一无所获。而那些没有受过良好教育的员工,却通过不懈地奋斗而实现了自己的人生价值。

所以说,要想在企业中出人头地,成为被领导所器重的优秀员工,唯一的办法就是马上行动起来,只有这样才能最大限度地激发自身的潜力,把工作做得更好。许多企业中的高管在入行之初也是懵懵懂懂,尽管对未来怀有美好的憧憬,但却不知如何去实现梦想。这些人后来之所以能够突破自我,从普通的员工之中脱颖而出,就是因为他们懂得了“行胜于言”的道理——一旦确立了梦想,他们就开始行动起来,不说空话大话,也不畏惧前进道路上的艰难坎坷,最终靠着自己的双手开创出一片广阔的天地。

李林楷是个普普通通的年轻人,学历不高,也没有什么背景,这样的人在社会上比比皆是。中专毕业后,通过朋友介绍他在当地一家铸造厂找到了工作,成为了一名车工。这份工作薪酬不高,劳动强度又大,但李林楷却十分珍惜,每天卖力地工作。

每个人都有梦想,李林楷也不例外,他的梦想是赚很多很多钱,让自己的父母过上更好的生活。虽然文化程度不高,但李林楷深知一个道理——吃得苦中苦,方为人上人,躺着不动天上不会掉下馅饼来,要想实现梦想就要艰苦奋斗。

为了实现心中的梦想,李林楷格外卖力地工作,不仅保质保量地完成了本职工作,私下里还经常向那些老车工们请教技术心得。在用心的学习和磨炼下,李林楷的技术突飞猛进,很快就能熟练地操纵各种机床,成为了车间里的技术骨干。

付出就会有收获,李林楷的出色表现被领导看在眼里,记在心里,一直都有心提拔重用他。后来,原来的车间主任到了退休的年龄,车间里又迟迟找不到合适的接班人时,领导第一个想到的就是踏实工作的李林楷。于是,才到这家企业没几年的李林楷坐上了车间主任的位子。凭借自己的努力,李林楷终于成为了一名优秀的员工,他的薪酬待遇也比之前高了很多。更为重要的是,踏实苦干的他已经成为了厂里的重点培养对象,在职业发展道路上迈出了重要的一步。

“行胜于言”——李林楷用自己的实际行动验证了这句话的真伪。文化程度低没关系,经验少也没关系,只要你不是个空想家,能够用行动去实践自己的梦想,那么就有收获成功的可能。看看企业中那些一事无成的人,他们总是口若悬河,仿佛有数不完的美妙想法。可是,他们说得再天花乱坠,因为不将这些计划付诸行动,一切也只不过是镜中花、水中月。

许多员工将在企业中的不如意归咎于外部环境和条件,就好像环境应该顺应他们的想法，自觉为他们创造条件一样——这就等于让客观现实作为仆从一样来满足他们的要求！还有一些员工则将只想不做归咎于自己没有足够的能力，认为自己不可能完成那个看似超出自己能力的事情。

总之，他们有各种各样的理由来为自己辩护，其结果是，理由越多，自己在企业中的境遇就越是被动。只有主动去做事，以行动去实践梦想，落实豪言壮志的人，才真正夺回了生活的主动权。

行胜于言，只有行动才能带领我们一步步接近自己的梦想。再好的计划，如果不付诸行动，就只是一纸空文。相反，再普通的计划，如果能立即付诸实践，那就能在实践中不断得到完善，坚持做下去，就能不断靠近既定的目标。

4

一千打好主意比不上一个行动

面对台下职工的提问，著名劳动模范诚恳地说道："你们都想到了，但是我做到了。"

一千打好主意比不上一个行动，因为没有行动，一切都将原地不动。

在我们身边有很多这样的员工，他们总是在寻求所谓的"好主意"，希望这些"好主意"能帮助自己改变境遇，让自己成长为企业的栋梁之才。可是，尽管这些人费尽心机去寻找，但到头来要么是没找到，要么是即使找到了也无法改变自己的境遇，白白浪费了大把的时间。究其原因，是因为他们过于看重"好主意"的作用，而忘记了行动才是实现目标唯一途径的道理。

张玉祥，中国石油公司华北油田的一位著名的劳动模范。

在长达16年的工作生涯中,他一直都是一个少说多做的人——但凡在工作中遇到困难的时候,他第一个想到的就是继续坚持去做,并且在坚持的过程中不断地寻找问题的根源,找到问题的解决方法,从而将问题彻底解决掉,保证工作任务圆满完成。

一次,张玉祥受邀到一家企业去演讲。当他演讲完毕后,这家企业的一名职工站起来提出了这样一个问题:"您刚才所讲的我们都懂,但为什么我们不如您做得那么出色呢?"

他沉思了一下,然后诚恳地说道:"你们都想到了,但是我做到了。"

接着他说:"在工作中,我们可能会遇到各种各样的问题,只要我们不惧怕困难,不要总是只想而不做,那么我们就能够将工作做好。你们也会跟我一样,成为一名优秀员工。"

张玉祥话音刚落,广场上立马响起了一片热烈的掌声——多么能够引起人共鸣的话语啊,只要每个人在工作中都不想着投机取巧,只想不做,那我们每个人都能成为优秀的员工!

怎样才能在工作中做得更好,其实很多人都知道这个问题的答案,但为什么只有少数人能够做到呢?劳模的一席话给了我们很大启发——行动与落实才是解决问题的关键,一千打好主意也比不上一个行动。

一些员工习惯于将工作上的平庸归咎于没有找到好的主意,但如果我们总是每天去寻求"好主意"这种虚无缥缈的东西,而不去脚踏实地地工作,那么就什么都做不成。好主意固然重要,但实际问题还需要实际去做才能改变。尽管行动不一定能帮我们达成所愿,但如果不行动,纵使有再多的"好主意"也无济于事。

行动的价值就在于它是改变现实的唯一方式,也只有积极行动,一切才能发生改变。行动是通往目的地的必经之路,行动是联系主观和客观的关键桥梁,行动可能会失败,但即便是失败,我们也能有所收获,只要你肯正确对待失败,肯从中认真总结经验教训。

有人向一位禅师请教:"我想参悟佛法,从人生的痛苦中解脱,请问该从哪儿开始?"

禅师一边用木棍在地上画圈一边说："从这里开始。"

那人将信将疑："这里是哪里？"

禅师闻言对其当头棒喝："这里就是此时、此地、此人！"

别再想了，立即行动吧！它能让我们更加靠近目标，尽管做的时候我们可能会走弯路，可能会遇到挫折，可能会徒劳无功，但这都是为了获得成功所必修的功课。

立刻去做，会让我们在做的过程中知道什么做法行得通，什么做法行不通，哪些因素对我们有所助益，哪些则毫无作用。我们还可以在种种磨炼中形成坚强的性格和百折不挠的意志，这将让我们获得源源不断的精神力量，有了这股力量，成功才成为可能。

5 别为不去做找借口

做事不要找借口，不仅是一种工作态度，更是一种生活理念。

西点军校里有一条重要的行为准则：不找任何借口。在西点军校中，无论你是高级的讲官，还是刚入学的新生，都必须要遵守和执行这条规定。"不找任何借口"是西点精神的重要体现，也是"西点人"赖以成功的秘诀之一。

在我们的工作环境中，一些员工似乎已经成为了找借口的专家，凡事能找借口，就会毫不犹豫地去找。而这种行为带来的唯一"好处"就是让这些人养成了找借口的坏习惯，任由借口牵着他们的鼻子走。

这种爱找借口的习惯，会使人失去进取心，在工作中变得松懈、退缩甚至放弃。如果员工习惯了在工作中找借口，那么就会每次都做得差一点，而每次都做得差一点，累计十次就会差一大截。

很多员工为什么总是在想而不肯去做事,一个重要原因就是借口太多让其失去了做的决心和勇气——凡事不找借口,是一种敬业、服从、责任和诚实的执行精神,不找借口就是敢于承担责任。

美国石油大王洛克菲勒认为,找借口是一种思想病,凡感染上此病的重症患者都是失败者,而一个人越是成功就越不会为自己找借口。当一名员工习惯了为自己找借口时,就会在工作中变得被动消极,无形中束缚住自己的手脚。找的借口越多,采取行动的可能性就越小。习惯了找借口的员工,往往会把不去做当成是理所当然的事情。他们无论做什么事情都能找出一堆借口,结果到了最后什么都没做好,在企业中的个人境遇也难有改变。

在一座海边的村庄里,住着一位好吃懒做的年轻人,他十分懒惰,常年都不出去工作,就靠着父母留下来的那点家产勉强度日。

有一次,年轻人心血来潮,想要赚点钱养家糊口。他用父母留下的钱买了一套捕鱼的工具,又买了一条小船,然后准备外出打渔。

第一天,他起得很早,兴冲冲地带着捕鱼的工具前往海边,但没走到一半就回来了,因为他觉得天气不是很好,担心捕鱼的时候遇上风暴。

第二天,年轻人又拿着渔具出去打渔,但没过多久又回来了。这次倒不是因为天气的原因,是因为他觉得自己的网不够结实,所以回家去修补渔网。

第三天,年轻人依旧起得很早,这次他来到了海边,也上了自己的小船,但最后还是没有出去打渔。因为他听好几个渔夫抱怨今天捕不到大鱼,所以他垂头丧气地回家了。

就这样,年轻人每天都早起去打渔,但没有一次能够真正成行,每次都是找各种理由来搪塞自己。过了很长的时间,年轻人依旧没有捉到一条鱼,父母留下的钱也被他花光了,最后沦为了路边的一名乞丐。

一个人为自己找借口的开始,就是其思想变得消极的开始。不找借口的话,也许还能鼓起勇气去尝试,但当为自己找的借口越来越多时,就等于一遍又一遍地证明了“不可能”。这样的人,在企业中就是整天混日子,吊儿郎当的“问题员工”,他们失去了工作的动力与激情,迟早都会成为企业所淘汰的对象。

陈永刚是公司里的老员工了,自打进入这家公司以来,一直都在销售部任职。尽管工作很久了,但他工作上一直没有什么突出的业绩,至今还只是个普通的推销员。有一天,陈永刚终于下定决心,他要把更多的精力投入到工作之中,以实际行动来改变自己的命运。

就在他决定开始改变自己的第一天,正好赶上和一个重要客户的约会。一大早醒来,陈永刚本想早点梳洗,再温习一遍准备好的产品资料,以便和客户洽谈时有备无患。但他当时困意很足,想了想反正昨天已经看过了,今天不看也罢,于是扎进被窝里又睡了一会儿。

8点半,闹钟再次响起,陈永刚恋恋不舍地起床、洗漱、穿衣。见面时间定在了10点,坐车过去一般要用上半个小时,按照原来的计划,他本来想提前一个小时去的,避免路况出现意外。但是,陈永刚在家里看电视看得入了迷,转眼间一个小时就过去了。

时间紧迫,陈永刚匆匆整理下衣服,就启程赶往见面的地点了。那天正巧路况不好,车流堵塞严重,本来半个小时的车程,竟然用了50分钟。等到陈永刚匆匆忙忙赶到那里的时候,客户在那边已经等得不耐烦了,看见陈永刚也没有什么好脸色。

在接下来的洽谈中,陈永刚更是洋相百出。因为对产品资料记得不清楚,他不能为客户详细介绍产品,大多数时候都是结结巴巴地说不出话来。这次谈话只持续了十分钟就结束了,对方怒气冲冲地离开了酒店,只留下满脸失落的陈永刚。

如果按照之前的计划进行,这笔买卖应该可以很轻松地谈下,但因为陈永刚为自己找了太多借口,所以很多应该做的事情都没有去做,这也导致他失去了一个重要的客户。

无论是因为何种原因找借口,造成的结果其实都是一样的。人一旦

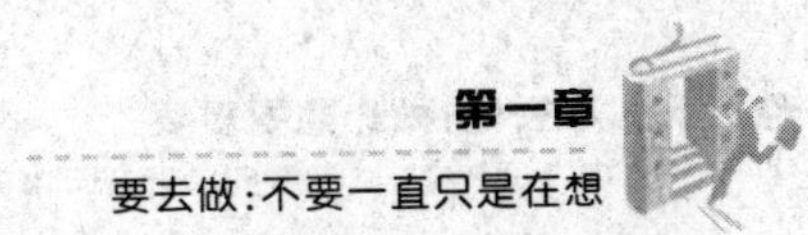

养成找借口的习惯,在工作中就会变得拖拖拉拉,没有效率。这样的人不可能成为一名优秀的员工,也不可能得到企业领导的信任和重用。现代企业需要的是那些不找借口,完美执行上级命令的员工,乱找借口的员工结局往往是被老板炒鱿鱼。

优秀的员工从不为自己找借口,他们清楚借口指向的是懦弱、胆怯和自欺欺人,将引导自己走向消极、走向失败。习惯于找借口的员工,常常将一切归咎于外部环境,如条件还不具备,时机还没到,环境还不允许等等。当然做事要考虑外部因素,但若是想等到所有条件都具备了才去做,恐怕那一天永远也不会到来。

6 想得越多,越不敢去做

只有不把问题复杂化,才能打破内在的心魔,果断采取行动。

想得越多,越不敢去做,这样的事情经常在企业中的出现——很多员工在工作的时候只是将自己的注意力集中在了“想”的层面上,而没有集中到“做”的层面上,结果导致想得越多,越是不敢去做。

因为,一个人在工作中,将实现目标的难度想得越大,对条件要求得越多,就越会导致其信心不足,到最后甚至连做的勇气都没有了。

有一个富和尚和一个穷和尚,穷和尚对富和尚说:“我想去南海,你觉得怎么样?”

富和尚说:“你靠什么去那里呢?”

穷和尚说:“一个水瓶和一个饭钵就足够了。”

富和尚说:“这几年来我一直都在攒钱,想乘大船前往南海,但直到现在还没有去成,你又怎么能去呢?”

穷和尚没有回答,收拾了下行李,只身启程。

到了第二年,穷和尚回来了,把已经去过南海这件事告诉了富和尚。富和尚十分吃惊,不由感慨道:"一个身无分文的人竟然能靠着一瓶一钵抵达南海,真是太不可思议了。"

相比穷和尚,说去不了的富和尚明显具备的条件更多,可结果却是穷和尚先实现了"抵南海"的梦想。由此可见,梦想是否可以实现与你具备多少条件其实没有多大关系,关键只在于你是不是肯去行动。穷和尚虽然条件艰苦,但是他却有着坚定的决心,一心一意想要前往南海,所以最后获得了成功。富和尚虽然有钱,但他却过多考虑了旅程中的难处,所以年复一年,一直都未能动身。

细想一下,其实在企业中工作也是如此。有些员工对于想做的事总是瞻前顾后,犹豫不决,觉得这也不充足那也不具备,于是耽搁了一天又一天,迟迟没有任何行动。想得太多,就难免会夸大行动的难处,无异于是在为自己的目标设置障碍。一个人只有在无所畏惧的时候才能一往无前,所以对于工作中出现的问题只有不把它复杂化,才能打破自己内在的心魔,才能果断采取行动,才能在做的过程中不断解决出现的问题。

一个员工受上级的指派去外地出差,途中要渡过一条大河,一名船工告诉他,那条河里暗礁险滩很多,一不留神就会送了性命。另一名船工则告诉他,自己在那边行了很多次船也没遇到过什么危险。面对这两种不同的回答,这个员工有些举棋不定,但最后他还是决定亲自去试一试,因为想的再多也是没有意义的,只有自己尝试才能知道到底行还是不行。最终,他发现这条河既不像第一个船工说的那么危险,也不像第二个船工说的那样风平浪静,虽然行船途中也遇到了一些风浪,但他还是成功地渡过了那条大河,并最终完成了上级交给的任务。

结果到底如何,只有做过才会知道。当你接到了一份不熟悉的工作,有人会认为难做,有人会认为好做,如果你对此想得太多,就会让自己陷于迷茫之中。很多事情只有自己去做了、实践了,才能得出最终结论。在没有做之前就给某件事贴上容易或困难的标签,往往会束缚住你的手脚,让你在遇到这些困难时迎难而退。

遇到一些看似棘手的工作时,我们还常常会犯另一种错误,那就是高

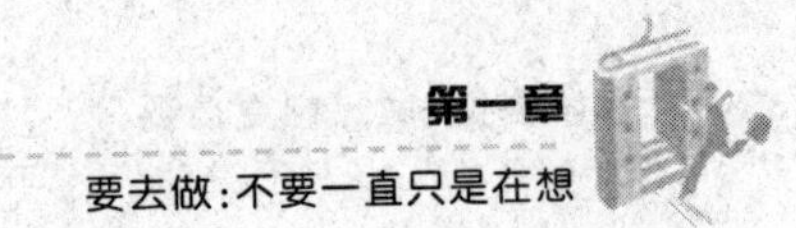

估自己所欠缺的,低估所拥有的。这样做的结果是:把过多的注意力放在自己的缺点上,而对自己的优势视而不见。当别人先于你出色地完成这份工作后,你才会发现其实并没有多难,只不过你被自己的臆想束缚了手脚而已。

是做得多还是想得更多,是优秀员工与普通员工的差别之一。事实上,很多时候我们的许多担忧是毫无必要的,它们大多是我们的主观情绪在作祟,而非客观现实。想得越多,就越容易被消极的思想所左右,从而导致对客观的估计越不真实。人多数时候是被自己吓倒的,从现在起停止不切实际的思考吧,这是打破行动僵局的最有效方法。

7

积极行动是掌握命运的开始

只有主宰了自己的所作所为,才能掌握自己的命运。

人的一生如同在海上漂流的船只,如果你紧握航盘,就能让自己朝着既定的目标航行。假如放开了双手,任由航盘在风浪中不停地摇摆,或者将它交到别人的手里,那你就失去了对命运的把控。

怎样才能将工作的主动权牢牢掌握在自己手中?其实最有效的办法就是积极行动。优秀员工之所以为优秀,就是因为他们能够主动出击,握紧命运之舟的“航盘”,不让自己的航向有所偏移。而那些不去积极行动的员工,因为没有抓住工作的主动权,导致自己如同大海上的一叶扁舟,任由风浪裹挟而走,最终迷失在茫茫的天际。

总是感慨在企业中看不到发展前景的员工,他们的大部分时间都是在被动地做事,没有尝试着去掌控自己的命运。如果对自己想做的事消极以对,就等于是放弃了自己的命运,自然而然也就不会有所作为。被动地做着自己不愿做的事,你的人生将被你正在做的事导向一个自己不想去的地方。

某公司有这样一位员工,他在公司工作已经有十多年了,但是职位和薪水都没有变化。有一天,他终于感到忍无可忍,于是跑去找老板诉苦。

老板耐心地听完了他的抱怨,然后语重心长地说道:“虽然你在这家公司做了很久,可是你的水平能力却和那些新入公司的员工并无多大差别,这样要我怎么给你涨薪水呢?”

诚如老板所说,这名可怜的员工在这家公司工作的十个年头里,每天都幻想着能涨薪水,但是却从没想过主动去提高自己的业务能力。所以,十年过去了,他的能力没有一点提高,自然薪水也和十年前没有任何变化。

积极行动是掌握命运的开始,无论你天赋多高,能力多大,都要通过行动体现出来。企业不会养闲人,也不会无视那些工作努力的员工,只要你努力地去做了,就能收获应有的回报,这一过程可能会有些漫长,但却充满了希望。

于海洋,他是一个农村的青年。高中毕业后,他来到大城市,在一家家具厂里找了一份简单的工作。几年后,通过自己的努力,他成为了部门负责人。薪酬优厚的他在城市里娶妻生子,买房买车,由一个农村人彻底转变成了一个城里人。

业余时间,热爱文学的他勤奋地创作,但因工作太忙等原因,他一直写不出一部自己满意的作品。有时候,他很想为了自己的作家梦而放弃眼前的这一切,但一直都没有勇气去尝试。

2007年春节后的一天,于海洋突然垂头丧气地回到了家中。看着他失落的样子,妻子问他:“出什么事了吗?”

“我被炒鱿鱼了!”于海洋一脸的痛苦。失去了工作,家里最主要的经济来源就中断了。他想,妻子听到这个消息肯定也会非常痛苦。

可没想到,妻子反而高兴地说道:“这样的话,你不就可以专心写作了吗?”

“是呀,”于海洋苦笑起来,“可如果我待在家里不出去工作,一家人怎么生活?”

“不用担心,”妻子转身取出存折来给于海洋看,“我相信你有写作的天赋,这是咱们家积攒下来的钱,足够我们支撑两年的了!”

于海洋见妻子如此支持自己,顿时振作起来,他下定决心要用行动去实现自己的梦想。离职以后,他每天认真写作,并积极地向自己的笔友请教,写作水平不断地提升。

俗话说万事开头难。已经开了一个好头的于海洋,在一位国内知名作家的点拨下,写出了自己人生中的第一部小说。虽然这部小说在市场上并不是很畅销,但是他的作品还是得到了圈内人士的好评。

可以说已经抓住人生主动权的于海洋,在此后的文学之路上更加的积极努力。2010年国庆节的时候,他的第二本长篇小说出版发行,而此次的首印数量就达到了10万册。

一本图书首印10万册,这绝对是一本具有畅销潜力的作品,而这也说明于海洋已经是一名成功的作家了。

从这案例中我们可以看出:一次重大的变故,将一个农村青年逼上了生活的绝境,却也给了他去实现梦想的机会。年轻人没有浪费这次机会,他用积极的行动改变了自己的命运。从某种角度来说,他甚至应该感谢这次变故,如果没有这次变故,他就不可能鼓起勇气去做自己想做的事,而他的作家之梦恐怕也永远只是一个梦而已。

采取行动,去做你想做的事,这就是掌握命运的开始!不要只想不做,更不要感叹时运不济,这只会白白浪费你的生命。

8

最后的判断：能做还是不能做

行动需要你下达简单明确的指令，将矛盾复杂化只会让你犹豫不决。

也许有些员工会有这样的烦恼：我知道空想无益，我知道找借口只是自欺欺人，我知道想得越多越不敢去做，但我始终就是下不了决心去做，一直都处于空想状态之中。而这种状态，也让我在工作中备受困扰，始终拿不出十足的干劲来。

事实上，犹豫不决是每个人都会遭遇的情况，尤其是在面临重要的抉择之时，许多矛盾的想法会牵绊着我们，让我们迟迟不能做出决断。

每个人都希望做出完美的选择，害怕做出后悔的事，这是一种正常的心理。但如果因此而陷入犹豫不决的状态中，就需要认真地进行反思了。谁都不是先知，不可能精确预测未来发生的每一件事。所以，当你在工作中面临那些重要的抉择时，谨慎思考固然重要，但也应该及时做出决定，切不可因犹豫不决而白白挥霍时间。

企业中那些经常犹豫不决的员工，他们对自己“想要什么、追求什么”这类价值判断的题目没有明确的答案。一旦面临选择，他们就会因判断标准不清而陷于困境。摆脱这种困境的最好办法就是——弄清自己想做的事情是什么，只有把这些问题彻底搞清楚了，才能变得更加果断。

马胜利是一家知名电器公司的产品经理，谈及自己成功的秘诀，他说道：“我的成功，主要在于果敢的行动。刚一来到这家公司，我就为自己的未来做好了规划——短期目标是成为一名销售精英，中期目标是成为基层管理人员，长期目标则是成长为可以独当一面的管理人才。目标确立很重要，但更重要的是实际行动。当别的员工还在担心能不能做好销售时，我已经开始东奔西走，四处去推销我的产品，扩展我的人脉资源。与身边的同事相比,我其实并没有什么优势,唯一不同的就是我知道自己想要什么,并且认真努力地去做了,而这也许就是我成功的秘诀。”

正如马胜利所说的那样,当年那个从大学毕业就进入“失业一族”的他,在进入这家电器公司之后,立刻做出了准确的判断——准确地定位自己,找到自己的目标方向,然后认真去做。结果,他很快实现了自己的梦想,在事业上取得了巨大的成功。

一旦清楚自己想要什么,并且判定值得去做,那就应该勇敢地去做,而不是一味地空想。因为外部条件还不够,或者没有机遇去实施计划,或者认为自己还不具备做某事的素质而做出错误的判断,在机会来临之时而不去做,这就是一种巨大的错误。我们总可以做点什么去接近自己的目标,无论这些事多么微不足道。只要清楚自己正一步步靠近目标,就应该在享受到内心的喜悦之时,更积极地去做。

很多员工总喜欢用一个想法折磨自己,既不去做,又始终放不下心!这就是因为他们的判断有问题。其实,我们常常把做某件事想得太过复杂,生怕自己做不好,遭到失败。主要原因就是,我们对于失败与困难的过度担忧,逐渐演化成我们心中的魔障,以至于无论我们做什么事,它都会跳出来吓唬我们,让我们心生胆怯,自缚手脚,从而影响我们的判断力。事实上,魔障不过是长着可怕面孔的一张纸,戳破了这张纸,它将立即烟消云散。只要我们鼓起勇气迈出第一步,接下来的第二步、第三步都会顺理成章,不会再成为问题。

优秀员工的一大优点就是能把每一个决定都化为一个行动,这就是他们能够取得出色业绩的原因之一。如果你也能养成这种好习惯,对于决定的事情立即着手去做,就会不断接近自己的目标。

现在是给自己一个判断的时候了,如果你心里很早就有一个目标想实现,那就给自己一个最后的判断。行就做,不行就不做;做就全力以赴,不做以后就再也不想!因为行动需要你下达简单明确的指令,将矛盾复杂化只会让你犹豫不决。

9

做好事从超越自我开始

想要做到超越和战胜自我,这并非一件简单的事情,但它是激活我们内在潜力的最好途径。

做好一件事情,不像我们想象的那样简单。据有关专家研究表明:人在做一项长期从事的工作中,其实只用到人体潜能的1/10。由此可见,我们要在工作中做好每一件事情,就需要我们不断去挖掘那剩余的9/10。可以说,这是一个不断提升自己,超越旧我的过程。

2008年初,周宁还是某机械工厂的一名新员工,他的主要工作是根据图纸进行零件加工。工作的第一天,车间的李组长给了他一个挺简单的零件加工图纸,让他在两天内按要求完成。周宁以前在技校的时候也经过这样的培训和练习,所以不用半天的时间就完成了任务。他把加工好的零件交给李组长,组长问:"这是你能做到的最好的了?"周宁犹豫了,是呀,他只做了这一个,应该不算是最好的。他拿回图纸说:"我再试试吧,可能会做更好。"

这样又做了几个零件,每一次李组长都问他:"你觉得这是最好的?"周宁每次拿回自己加工的零件仔细检查,总能发现新的毛病。组长给他的两天期限到了,他在下班前又做好了一个他自己觉得已经不错的零件交给李组长。李组长这次仍然问他:"你真的确定吗?这是最好的?"周宁回答说:"这个比前几个好,应该算是最好的吧。"

一眨眼,已经到了2011年,周宁已经成为操作熟练的老员工了,而且他接替了李组长的位置,成为了一名班组长。

2011年4月,早就升任了部门主任的李组长,现在要调到其他分厂当厂长了。老组长临行前找到周宁,拿出那个周宁刚进厂时加工的“最好”的零件。可是,当周宁看着当年那个“最好”的零件时,他发现这个零件不但不好,而且满是瑕疵。

看着周宁满脸失望的神情,老组长意味深长地对他说:“其实根本就没有什么是最好的,相比于前一次,只有更好的。如果想要做到更好,只有不断把以前的自己推翻了,重做。我相信你还会做得更好,努力,小伙子。”

不断地否定自己,争取做更好的自己,其实这就是我们说的超越自我。员工能在工作中,不满足于完成工作,而是争取把工作做得更好,这就需要我们有不断提高自己工作标准的勇气。

人一生中最大的敌人,不是别人,恰恰是自己。这句话,每个人都听过,每个人都说过。虽然,我们常会引用它作为激励自己的口号,但未必会真正用它来指引我们行为做事的方向。很多员工常会在一个工作难题中纠结不堪,苦苦找不到解决的办法,也时常不自觉地重复以往陈旧的工作方法和思路,甚至有时候,一个好的工作创意和革新,还未经过公开验证,就被自己悄悄埋进抽屉里……其实,这些看似正常的现象后面总藏着一个退缩、逃避的自己。

《道德经》中有句话:“知人者智,自知者明,自胜者谓之强。”自胜就是指战胜自己,超越自己。员工们在工作中,能力也许有高有低,但这样的差距是可以通过学习和锻炼来弥补的,所以超越别人并不是件多难的事情。但看到自己和别人有差距,害怕自己因为处在劣势而失败,就躲得远远的,如同不战而败的逃兵,这就是败给了自己,败给了自己的自卑和畏难心理。

在中国电影圈一直流传着这样一个传奇的故事,在某电影制片场,有一名道具师,长年的工作只是收发和保养道具。在电影拍摄现场的工作中,他渐渐熟悉了制作电影的流程。于是,在他心里埋下了一个梦想:我要当一名导演。

最初,他和朋友说起这件事情,朋友不是嘲笑就是劝解他,因为从一名道具师到导演的路实在太漫长,挑战也实在太大了。

在这以后的几年里,他除了做好本职工作以外,还格外留心电影制作过程中其他的工作环节,并一一把它们记录下来。渐渐的,他可以帮助导演做一些辅助性的工作了,时间长了,他在电影圈里也小有名气,可以独立导演一些小成本电影——终于由一名道具师,成长为了一名导演。

2002年,已经在圈内小有名气的他得到了一个很好的机会。他得到了一家大企业的投资,斥资几千万拍摄一部商业大片。结果是,一直梦想着超越自我的他,终于抓住时机实现了自己的梦想。他导演的商业大片票房超过了一亿元,书写了当年电影票房的新纪录。在记者采访的他的时候,问到他为什么会取得这么大的成功,他微笑着说道:“我一直觉得自己是悬崖边学飞的雏鹰,只要迈出了第一步,就离学会飞不远了。”

我们说,每一个人的成功都不是偶然的,他们站在努力、坚定和自信的基石上一跃而起,超越了别人更超越了自己,成为出类拔萃者。

事实上,我们每个人的意志里都蕴涵着极大的能量,它却只显现在敢于正视困难,善于克制自己,不惧怕失败和挫折,有勇气挑战自己的人们眼前。对于职场员工来说,这是永不言败的自信和勇气,是帮助我们完成“不可能”完成的工作的精神力量。但这种难得的品质与学历高低、技术水平、工作经验甚至职位都没有丝毫关联。是的,一个随遇而安,懦弱而且自卑的人,是看不到自身所拥有的这种能量的。

随着时代的前进和不断的变革,衡量一名员工是否优秀的标准也不断更新。除了要吃苦耐劳和任劳任怨以外,企业越来越看重员工自身的潜力和气质修养。很多企业的管理层意识到,一个企业的成功要依重于优秀的员工,就要把有潜力,可塑性强,具备超越自我精神的员工培养成本企业的中坚力量。针对这个趋势,不少企业为员工制订了各种培训课程和拓展训练,甚至把这种形式作为新进员工的必修内容。

王建和杜宇向都是刚进入南方某知名企业的应届毕业生。王建的学历是硕士,而杜宇向只有专科学历,他们在同一部门任职,而且一开始都有不错的业绩。不过,在工作中杜宇向要比王建认真得多,因为他的梦想就是超越所有人,首先是超越自己。

两年后,部门经理调任,王建和杜宇向都是很有竞争力的下任经理人选。然而经理在离开前的述职信中却极力推荐了杜宇向。总经理询问原因,即将离任的经理笑了下说:“虽然杜宇向没有王建学历高,但他却有一种王建身上没有的精神。杜宇向在当基层业务员的时候,对每个不再续约的老客户都会做一个访问,并且将这些访问材料整理出来,针对客户提出的意见和建议类型,给我提出相应的改进报告。而且,他对自己从来都不满足,只做最好的自己。所以我推荐他,因为他好久以前就能胜任我的职位和工作了。我也没有理由不推荐这样一个主动解决问题,不畏挑战的优秀员工,他的能力已经远远超出了他的学历。"

从这个事例中,不难看出,如果杜宇向只是把完成本职工作当做自己的终极目标,不去思索工作中的问题并且去解决它们,也不敢用报告的形式向经理提出改进的建议,那么无论杜宇向的本职工作做得多么优秀,对同样优秀的王建而言,他都会因为学历低而稍逊一筹。

员工的品格和素质,可能会影响他在职业道路上的轨迹。勇敢、拼搏、自信、努力、坚持、敢于挑战自己的极限这些品质慢慢会成为比学历更有价值的东西。正如荷兰壳牌石油公司人事部经理舒曼德所说的:"我们所急需的人才,不是那些有着多么高贵的血统或者多么高学历的人,而是那些有着钢铁般的坚定意志,勇于向'不可能'完成的工作挑战的人。"

想要做到超越和战胜自我,这并非一件简单的事情,但它又是激活我们内在潜力的最好途径。表面上看来"不可能"完成的任务,或者挑战自己能力的工作对员工来讲是种压力,但是压力的背后恰恰就是员工的挑战心,这种挑战困难的信念和决心,能够让员工产生动力,激发他身上所蕴藏的巨大潜力,高效地完成任务,带动企业的整体绩效不断提升。

我们也知道,企业衡量一名员工的业绩,主要依靠考评员工的工作完成情况和对待工作时的态度。保质保量地完成自己的工作是员工的本分,但过分遵照这个标准,工作时间长了难免会出现安于现状、不思进取的惰性。员工不自觉地逃避压力,选择轻松、容易完成的工作,这是人类共同的特性。但优秀的员工能做到努力克制这一弱点,敢于去选择挑战,并把这次挑战当成一次成长的机会,在这个过程中获得知识和经验,进而也拓展了自己在企业的发展空间。一般来讲,接受挑战不一定会获得成功,但是放弃挑战就永远不可能成功。其实,那些看上去貌似"不可能完成"的任务,它更多时候考验的是一个人面临挑战时做出选择的态度。

10

要去做,就要先做最重要的事情

我们首先应该掌握的工作技巧就是要将最重要的事情优先排序,不管有多少工作在等待自己,总要从最重要的工作做起。

你是不是会有这样的感觉,工作一天,很忙很累,但总结下来却没有多少看得见的成果,或者感觉自己已经很努力工作了,但上级领导还是不太满意。员工的工作效率,是指在限定时间内做了多少有实际效果的事情。但是,并非我们做的所有的事情都是有实际效果的,所以这造成了工作效率的低下和单位领导的不满意。因此,能够产生实际效果的事情,通常我们都把它们当成重要的事情。

在企业中,一名员工要想完成自己的本职工作,将事情做好,首先必须从最重要的开始——任何工作都有主次之分,一定要先拣最重要的工作做。在做工作的时候,往往不会只有一个工作任务,而员工首先应该掌握的工作技巧就是要将最重要的事情优先排序,不管有多少工作在等待自己,总要从最重要的工作做起。

一天,时间管理专家为一家企业的员工讲课。他现场做了演示:拿出一个广口瓶放在他面前的桌上。随后,他取出一堆拳头大小的鹅卵石块,一块块放进玻璃瓶里。直到再也放不下了,他问员工们:“瓶子满了吗?”所有的员工都回应道:“满了。”时间管理专家反问:“确定吗?”他又从桌下拿出一桶碎石,倒了一些进去,并摇晃瓶子使碎石填满石块的间隙。“现在瓶子满了吗?”他第二次问道。

但这一次员工们有些犹豫了,“可能还没满。”员工们答道。

“很好!”专家说。

接着,他伸手从桌下拿出一桶沙子,开始慢慢倒进玻璃瓶。

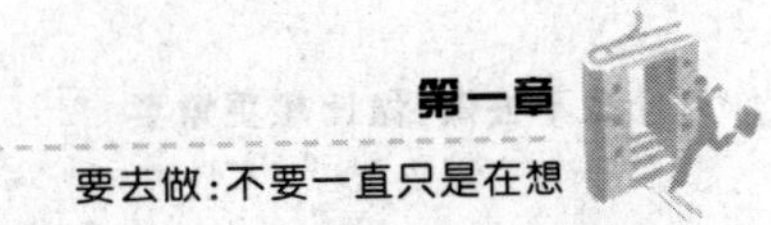

沙子填满了石块和碎石的所有间隙。他又一次问员工们："瓶子满了吗？""没满！"员工们大声说。他再一次说："很好。"然后他拿过一壶水倒进玻璃瓶直到水面与瓶口平。

最后他看着员工们，问道："这个例子说明什么？"一个信心满满的员工举手回答："它告诉我们：无论你的时间表多么紧凑，如果你确实努力，你可以做更多的事！"。

"不！"时间管理专家说，"那不是它真正的含义。这个例子告诉我们：如果你不是先放大石块，那你就再也不能把它放进瓶子里了。"

那么，对于员工来讲，分清工作的轻重缓急，按照其产生实际效果的大小排好顺序，并根据这个顺序优先找出来的工作任务就是我们工作这只广口瓶中的"大石头"。换而言之，这些重要的事情，才是我们工作中需要优先处理，而且需要投入相对更多精力和时间去做好的事情。同样的道理，我们也可以在日常工作中，按照重要程度和时间的紧迫程度找到工作中的小碎石、沙子和水。

员工在每天开始自己的工作以前，不是看到工作拿来就做，而是将自己一天的工作按照重要程度进行排序，把最重要的放在第一位优先处理，直到将它完成以后，再依次去处理次重要的事情。而且应该注意，在规定的时间段内，就只做好指定的那一件工作，精力集中，专注地去完成它。不管未完成的工作有多少，只要一件件保质保量地认真完成，就会看到我们在工作中的效率。

张华是位尽职尽责的员工，他每天的工作总是很忙，而且经常加班加点。有时候同事们都已经下班了，他还在继续手头的工作。尽管如此，他却也是工作上出问题最多的员工，经常让他的上司头痛不已。

比如：每月底需要他提交的报表总是不能按时交上来，这样一来，各部门都要停下来等着他的统计数据。就在张华一筹莫展之际，他的部门领导教给他一个方法：让他每天上班前将自己的工作写下来，并且按重要的程度标注上1、2、3……而他每天要做的事，就是从1开始，顺序做下来，而且在做1的时候，不可以同时去做2或3的工作内容。

结果是,几个星期下来,张华的工作水平有了明显的改善,他不但再没有出现过类似的问题,而且还成为部门工作效率很高的员工之一。

对于员工来说,工作效率的低下,并不代表员工没有勤恳的工作态度,只是工作方法上的欠缺造成了他们做了工作但不见效果的情况。

员工在工作中分清楚工作的主次关系,先做自己认为最重要的事情,在每一个工作任务进行中都尽量保持专注和精神集中,不要为其他的旁枝末节的事情分散注意力,我们说,这才是提高工作效率最简单有效的办法。

11

适应环境:要去做事的第一步

员工能通过改变自己的态度和个性,去改变坏的结果以达到完成工作的目的,这种以克制自己的个性去适应工作环境的巧妙方法,就是机智适应。

每个员工在工作中都可能碰到这样的问题:我们可能处理不好与同事或者上级的人际关系,我们与企业提出的工作精神和理念不合拍,或者不能很好地适应团队工作的步骤和策略。这些都是我们的工作环境因素,这些因素有可能与我们的个人习惯和性格特点有冲突,我们如何能在保证工作顺利进行的前提下,适应这些环境呢?

一名新员工经过努力,适应新的工作环境,而且在努力适应中慢慢成长,就能够使自己在新的工作环境中越来越轻松。然而,一名聪明的员工,不但在自己的工作环境中成为和谐的一分子,还能在工作遇到问题的时候,不与同事或者合作伙伴发生正面冲突,也能发挥自己的聪明与机智,巧妙地运用自己擅长适应的专长,将工作顺利有效地进行下去。可以说,这样的员工不但是聪明的,也是最会适应环境的好员工。

某公司总经理有两位助理,王昕和林楠。王昕虽然很年轻,但工作能力极强,经常会在工作上向总经理提出一些很不错的建议。然而,也许正因为年轻,他提建议时的态度很强硬,也很自我,往往在工作谈话的开始,就给总经理的心里抹上一层不快的阴影,因此,他的建议尽管正确,可有时候也未必会被总经理接受。而林楠却和王昕不同,他向总经理提建议的方式比较委婉,每一次都像是闲聊时无意提起来,甚至有时候"张冠李戴",明明是他自己的建议,他偏对总经理说:"我记得您和我说过……我根据您的要求,做了一个方案出来,您有时间的话看一下?"

私下里,王昕曾经当面嘲讽林楠,说林楠的工作作风过于讨巧,一味巴结领导,不敢正面提出建议。林楠听了他的话,笑了笑说:"我们的主要工作是协助领导高质量地完成工作,我们的主要职责就是向领导提出合理化建议。但是如果因为领导不接受你提建议的方式和态度,导致你的建议不能被采用,那你不是做了无用功?所以为了更好地完成工作,采用我的建议方式又有什么错呢?"

由此可见,员工能通过改变自己的态度和个性,去改变坏的结果以达到完成工作的目的,这种以克制自己的个性去适应工作环境的巧妙方法,就是机智适应。反之,就像以上案例中王昕的情况,尽管他很有能力,也很聪明,对工作的态度也不错,但唯独缺乏这种对上级领导的适应力,即使具备优秀的能力也不能完全发挥出来,这是多让人惋惜的事情呢。

所以,员工应该在工作中接受别人的不同意见,并且及时调整自己的工作思路;也应该擅长听取别人对自己工作的评价和建议,并把这些评价和建议当成自己下一步提升工作质量的依据;还应该不挑剔自己工作伙伴的背景和个性,能与各种类型的同事一起协同合作,努力适应自己同事和上级的工作风格和要求。

能迅速进入适应状态,并且能够运用聪明和机智辅助自己适应环境的员工,哪怕在学历和专业上稍有欠缺,但是通过在工作中努力学习,弥补不足，他未来得到提升和认同的机率，远远大于那些学历高但适应能力弱的员工。这也充分说明，你在工作环境中的适应能力也是你工作能力的重要组成部分，它会成为衡量你工作优秀与否的一个重要依据。

我们提倡员工灵活机智地适应环境，但并不赞成员工对待工作问题时一味妥协和盲从。员工在工作中经常会碰到与自己对立的意见，我们的适应，并不是简单地服从对方，而是在尊重对方意见的基础上，坚持自己正确的思路，改正自己错误的想法。在解决问题的时候，激烈的争吵和据理力争的辩驳都不会有助于顺利解决矛盾。强硬的态度还有可能更进一步加深矛盾，引发冲突。而对于在日常工作中，懂得尊重别人，对人热情有礼貌的员工来讲，就很少发生这类现象。即使在工作中与同事持不同观点，也会在一笑之后，让对方安静下来仔细听他的意见。

员工除了应该聪明机智地处理好与同事、上级的人际关系以外，员工所在企业的文化和背景也是工作环境中一个很重要的部分。很多企业都有各自的企业文化，企业文化是企业发展的灵魂，所以员工能否适应企业的文化环境也是很关键的。

孙丽刚从学校毕业不久，她所在的企业比较注重团队合作，并且提倡张扬个性，欣赏凡事都往前冲的员工。

但是，刚刚进入企业的她，却发现自己非常不适应这种企业环境。她觉得：自己是直接从校园应聘到企业去的，之前也没有什么实习经验，缺少与人协同合作的经验，更为重要的是以前在学校里不太在意人际关系，而且她在家里受的教育提倡的是：谦虚谨慎。

所以，她对个性张扬的人也没有什么好感。孙丽最初觉得自己内向内敛的性格很不适应这种企业的文化环境，因此她非常想离开这家企业，不过她又不想放弃这份待遇优厚的工作。

无奈之下，她花了些心思观察她的同事们，他们虽然学历、职位不尽相同，但大家彼此都很友好。上班的时候，大家谈话时都是面带微笑。而且她还发现，几乎所有的同事都喜欢在假日凑在一起，进行球类比赛或举行一些聚会。

于是，孙丽开始努力和同事们融入到一起去。她每天进办公室时都会向同事微笑点头、问好；下班时候也不忘和同事说

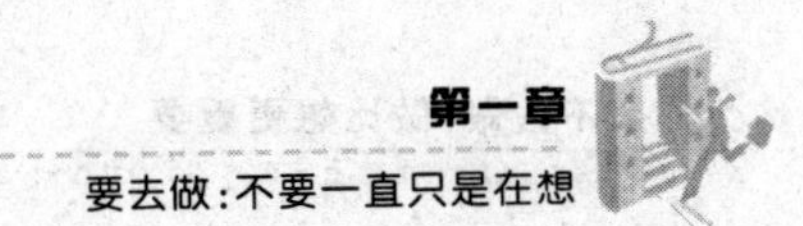

声,明天见;更难得的是,她还主动报名参加了同事们组织的球类比赛。没过多久,孙丽就成了这个工作团队中很受欢迎的一员。

对每位员工来说,环境都是公平的,需要你来主动适应它,而不能要求它为你改变。员工在面对与自己观念和性格有差异的工作环境时,只要花费了心思,积极而乐观地面对环境给我们带来的困难,改变自己原有的观念,就能找到与环境相契合的切入点,并且融入到原本与自己相冲突的环境中去。

适应环境是员工开始做事的第一步,它为我们奠定了做好事情的基础。就像游泳比赛,超强的适应能力能带给运动员一个完美的入水姿势,但是想游完后面漫长的泳道,还需要运动员不断纠正姿势和提高速度,才可以取得优秀的成绩。

员工因为职责所限,也许无法对工作做关键的决策,多数时候,我们在一个工作团队中,只是协同工作的普通一分子。但这并不意味着员工就可以进入简单而轻松的工作环境。只有对自己和企业都抱有很强的责任感的员工,才不会只把自己的目标放在简单的适应工作上。我们知道,适应环境是做事的第一步,也是成功的第一步,但适应以后,员工很容易在工作中因为习惯了周边环境而滋生惰性。

我们常常看到这样的现象:初来企业的新员工,每个表现都很不错,不管是精神状态还是工作态度,都比老员工更加乐观和积极。但是时间长了,有些新员工放弃了工作岗位,或者干脆混起了日子,每天完成自己的定量工作,不再有最初的工作热情。原因是什么呢?

员工在企业工作时间长了,也适应了工作环境,但因为没有把自己的价值和企业联系起来,没有建立起对企业的责任心,员工忽略了自己在企业中的主人翁地位,因而这种适应也叫做被动适应。单一地适应了环境,但没有真正与我们的环境相呼应,真正把我们自己的人生目标和理想种在企业这片土壤中。

12

坚持做,坚持反省

反省是一面镜子,它能将我们的错误清清楚楚地照出来,使我们有改正的机会。

员工在长期的工作实践中,会获得很多宝贵的工作经验。这中间可能会有:坚守原则,坚持学习,钻研技巧,制定可靠计划,等等,其实,这些不可多得的经验和技巧,都来自于一种途径——员工的自我反省。员工只有在工作中不断地反省自己,才能看到自己的不足之处,通过不断地改正,并在以后的工作中举一反三,才能将自己的工作能力,最大限度发挥出来,不断提高自己的工作效率。坚持做事的同时坚持反省,这是我们在做事的过程中,共生互利,密不可分的两个阶段。

在企业中,许多员工的工作是相同的,但工作的效率却不尽相同。这是什么原因呢?

我们说,人生至少有一半的经验是从失败中总结出来的。现今这个时代的员工,很多人在工作中不缺少自信心,也不缺少充沛的精力和冲劲,但缺少对自身缺点和不足的正确认识以及面对失败和挫折的正确态度。

刘强和张刚是同一家机械厂的员工,他俩也都是装配车间流水线上的装配技工。两人的年龄、学历和工作时间都差不多,就连最初带他俩的师傅也是同一个人。按理说这样的情形,两人的工作效率应该相差不多,然而每个月的工作统计报表上却显示两人的工作效率有着很大的差距——刘强是张刚的两倍之多。

这个现象引起了车间领导的重视,为了查证统计表的准确性,领导决定亲自为两人的工作做个测试,并请来车间的其他同事一起监督。测试开始了,张刚按照以往的装配程序,一个零件一个零件进行组装,看起来速度也不慢,而刘强却不同,他先把工具和零件分开,并且按照某种顺序,把工具和零件一字排开,接着才开始了零件的组装工作。这时,车间领导和同事们发现,刘强在装配过程中,所用的零件和工具都是离自己手边最近的,拿用的时候十分方便顺手。而张刚看起来更忙,一会找零件,一会找工具。这时候人们才明白工作开始前的准备工作是多么重要。

工作测试结束以后,刘强告诉车间领导,他最初工作的时候和张刚是一样的,总是不停地找工具和零件,这让他浪费了很多时间。后来,他仔细研究了图纸和工序,才琢磨出来这么一个方法,按序排放零件和工具的位置,这样做以后提高了不少效率。

事实上,像刘强一样,擅长在工作中寻找自身的不足之处的员工不在少数。发现不足而且通过正确方法来补救,这无疑会提高我们的工作效率。但是除此之外,员工还应该从哪些方面"反省"自己呢?

第一,时常反省自己的人际关系。在上面的案例中,假如张刚和刘强是一对好朋友,那么刘强很可能与张刚共享自己的工作经验,使张刚的工作效率同样得到提升,也就不会出现两人的工作效率相差数倍的情况了。员工在工作中与同事、领导的关系,直接影响着员工间经验的交流、工作的气氛、团队的协作,最终对工作的效率造成影响。

第二,时常问自己:我的工作方法是最好的吗?我们都知道,最佳的工作方法是提高工作效率最直接的途径。员工在工作中沿用习惯性的工作方法也是导致效率无法提升的最大障碍。我们也往往能在对工作问题的处理中,找到自己的弱点,比如惰性思维或者畏难心理,这有可能导致员工简单解决问题,看不到自己工作方法上的不足和缺点,不再去寻找解决的最好方式和路径,轻易放弃掉提升效率的机会。所以,员工想要在自己的日常工作中持续地提升效率,就需要对工作进行不断地总结和反思。

我们在工作中发现了问题,也做了解决问题的工作,但仍有可能没有把事情做到最好,这通常是由于员工没有看到自己工作方法上的瑕疵。这个时候问一下自己:这真的就是最好的办法了吗?这种反省的态度,有可能会为员工开辟出另一个解决的路径供自己选择,在众多方法中,找到最佳的一个。

第三,时常回头检查自己的工作进程。约翰·梅纳德·凯恩斯,是上世纪著名经济学家,也是华尔街投资公司的高级顾问。他的一生非常成功,很年轻就已经是百万富翁了。当人们问他成功之道时,凯恩斯说:"我有一个习惯,喜欢为自己制订计划,可以这样说,我之所以能够取得成功,这些计划起到了非常重要的作用。"

凯恩斯接着说:"只有计划还是不行的,还要严格地执行计划,这就涉及自我反省。我每天都要反省,看看当天有什么收获,有什么地方值得改进。凡是没有做好的地方,必须想办法弥补回来。同时,再想一想今天的成绩,用它们来鼓励自己继续努力。"

在工作中精准地把握自己的工作进程,这是员工提高工作效率的保证。我们应该经常检查自己的实际工作是否符合工作计划,这样不但可以避免自己漏掉工作任务,更能在检查的过程中,反思自己的缺陷和错误,从中得到有益于工作的经验和教训。

由此可见,最需要员工在工作中进行反省的几个方面,恰恰就是影响我们工作效率最关键的几个因素。换句话说:越重要的环节,越要经常回过头去反省。长此以往,这不只是我们对待工作的态度,更是令我们受益良多的做事习惯。

第二章　敢去做：做是一种习惯，也是一种品质

养成敢于做的习惯，既是做好工作的重要保证，更是一种可贵的品质。做一个敢于做的员工，才能够在工作中实现目标，让自己的价值最大化，成为企业中不可或缺的优秀员工。

1

机会不会两次来敲门

机会不会两次来敲门,你只有养成立即行动的良好习惯,才能在机遇溜走之前将它留下。

机会,就是有利于我们做成事情的时机和条件。想要在企业中早日获得成功,就要善于把握和利用身边的机会。抓住一个机会,成功就会多一分的把握。错过一个机会,成功就迟一些到来。

同在一家企业工作,机会出现的概率对每个人来说都是平等的,关键就看你能不能把握住。机会不会一再垂青于某一个人,如果你因为犹豫不决而与机会擦肩而过,也许会留下莫大的遗憾。所以,一旦你发现了难得的发展机会,就要学会快速行动,将机会牢牢地紧握在手。

从小就被别人称为是"小明星",有着高挑的身材,漂亮的脸蛋,最后却败在了学历上。徐丽是一名山西女孩,父亲在她13岁的时候就去世了,母亲凭借做手工活让她念完了高中。念完高中后的徐丽不忍心看着母亲如此受累,于是便就将心中的大学梦埋葬,踏上了打工之路。

因为从小就听别人说北京是个大都市,有很多有钱人,就是冲着这一点,徐丽毅然决然地离开了家乡,来到了北京。初到北京的徐丽有些茫然,没有任何一家用人单位愿意聘用这名看上去非常朴实的高中生。无奈之下,徐丽决定去当服务生——服务生在家人的眼中是见不得人的工作,是拿不上台面的工作。

由于家中有母亲要养,工作的时候,徐丽非常认真,生怕哪里出了差错失去了这份工作。然而,就是在这样一位小姑娘的内心燃烧着一团熊熊大火:每当看到别人开着车来饭店吃饭的时候,每当自己站在饭桌前伺候别人的时候,徐丽心中就会问自己:为什么他们吃着我看着,他们坐着我站着,难道真的有这么大的差距吗?

针对这样的问题,徐丽给出的答案是否定的,她不相信命运是这样的。有一次,一个和自己年龄差不多的女孩儿开着一辆车来到了饭店,当时徐丽看到之后不禁又自问道:"难道在你的脚下写着'踩油门'三个字吗?"个性刚强的徐丽始终不相信,幸运之神不会青睐自己。

终于有一次,饭店来了一个年轻人,穿着平平,却有着非凡的气质,那人看到徐丽之后,便找机会和徐丽说话,徐丽还以为别人想非礼自己,不敢和他多说一句话。在那人临走的时候,给了徐丽一张名片:"我感觉你挺有气质的,我是一家模特公司的经理,如果你愿意去当模特,我希望你明后天可以去我们公司一趟。"

徐丽简直不敢相信自己的耳朵:居然让我去当模特?但是,转念一想自己凭什么相信这个陌生人的话。那天晚上,徐丽迟迟不能入睡,她想着自己的梦想,想着家中的母亲,想着模特公司。终于,她决定抓住这个机会,并连夜给那名经理打了电话。

徐丽打电话的时候,经理正在休息,不由得问了一句:"你直接去公司就行了,为什么大半夜还打电话啊?"徐丽顿时间意识到自己的不礼貌,连忙说:"对不起,对不起,打扰您了,我是怕机会就这样从我身边溜走,那您好好休息吧,真的不好意思。"就是凭借这一点,徐丽在第二天去面试的时候,很顺利地通过了面试,获得了这次机会。

的确,就像徐丽说的,她害怕机会溜走,所以在晚上的时候就给经理打了电话。相信每个人都渴望机会的来临,都渴望机会垂青于自己。然而,机会总是蒙着面纱来到我们的身边,正是因为这样,很多人不敢揭开面纱,更不能果敢地抓住机会,等到机会溜走的时候,才后悔莫及。殊不知,机会不会第二次来敲门,如果不能及时抓住,成功便会和我们失之交臂。

你有这种果决的工作态度吗？你能立即行动吗？你养成了毫不迟疑的做事风格吗？如果没有，那么你还将失去下一次机会。机会对于每个员工都一样，你只有一次机会去抓住它。如果你稍有迟疑，它就转瞬即逝或者成为别人的囊中物。

机会是令人心动的，它能助你一臂之力，让你在自己的岗位上取得更加瞩目的成就。机会也是稍纵即逝的，片刻迟疑都会让你后悔不已。而你捕捉机会的最好工具就是行动，立即行动！

2

做会让想更富有价值

凡事要三思，但比三思更重要的是三思而后的行动。

我看过了，我忘记了；我听过了，我记不清了；我做过了，我就记住了。

在想和做的关系中：先做后想是蛮做，只做不想是笨做，只想不做是空想，先想后做是智做，边想边做、边做边想是会做。

想和做有着不可分割的关系，想如船，做如桨，谁离了谁都不行。但相对来说，在想和做之间，做显得更加重要，因为只有做才能让想象之花结出果实。

我们身边有这样一类员工，他们习惯于忽略掉“做”的重要性，每天只是胡思乱想，拿不出实际的行动。也许他们的想法很好，但因为不去做，所以这些人在企业中都只是一些庸庸碌碌的角色，很容易就会在竞争中被淘汰下去。

想固然重要，但唯有做才会让想更富有价值。无论你做之后会得到什么结果，都是对内心所想的一次最好检验，即使失败了都有重要的意

义。更何况，任何想法只有真正去做了，才可以判断其可行或不可行，并且在这个过程中发现利弊得失。

从前有一个书生，寒窗苦读了十多年，成为了当地有名的博学之人。但令人感到奇怪的是，尽管这个书生知识渊博，但他却从来没有尝试去考取功名，一直是个秀才。

有次，一个朋友在和他闲聊时好奇地问道："你这么有学问，为什么不去考取功名呢？"

书生长叹了一口气，沮丧地说道："我听别人说乡试的试题很难，也目睹过有人考了一辈子都没有考上，以我这么愚钝的资质，怎么敢贸然去参加呢？金榜题名那种事情我也想过，可我觉得离自己太远了，还是再读几年的书再说吧。"

他的朋友接道："你怎么会有这种想法呢？乡里有些不如你的书生都能考中举人，何况你这么博学多才的人。再说了，考不考得中你不去试下又怎么能知道呢？"

书生听了他的一席话，觉得很有道理，于是鼓起勇气准备去参加乡试。没想到，第一次参加乡试他就考中了第一名解元，并且在接下来的会试中也考进了二甲，成为了一名翰林院庶吉士。

金榜题名后，这个书生找到了当年的那位朋友，对他感激地说道："我能有今天都是托你所赐，如果没有你那一席话，也许我现在还在家里做着进士的美梦，而没有勇气亲自去试一试。"

书生不敢去参加科举，是因为他想得太多，担心的太多，结果空有满腹才华，却埋没于山野僻处。而当他从想的怪圈里走出来，勇敢地去做时，终于展示了自己的才华，高中金榜。

去做一项工作之前，充分想到可能会出现的难处，并且做好充分的准备，这本来是没错的。但是，想得太多并没有什么意义，因为只有做才是实现目标的唯一途径。一个从没有下过水的人，即便他熟读各种游泳教程，也不能当游泳教练。一个没有带过兵打过仗的人，即便熟读兵法也当不了统帅。

做会让想更富有价值，尽管我们总强调凡事要三思，但是比三思更重要的是三思而行。没经过实践检验的想法,人们根本不知道它能不能解决问题,能不能真正发挥作用,自然称不上是好想法。

想要成为优秀的员工,就要认清做与想之间的关系,并掌握好其中的平衡。动手去做,坚持做,我们的想法才能更接近实际,变得切实可行,而只有切实可行的想法才具有指导意义。一个人只有在众多实践中,在不停的做事中才能使自己的思想越来越锐利,越来越富有价值。

3 行动是解决问题的最佳方案

行动是解决问题的开始,行动起来,我们就已迈出了解决问题的第一步!

行动,是解决问题的最好方法。不去尝试,很多问题都没有答案,只有真正去做了,才知道怎样能够做好。

回想我们的青春期,你会发现一件有意思的事情。男孩们为了能和喜欢的女孩说上话,总是预先准备许多搭讪的话题,并且费尽心机考虑女孩的各种反应。直到鼓起勇气走近女孩,开始搭腔交谈时,才发现女孩的反应与之前料想的完全不同,脑子里准备的各种应答之策全都派不上用场。而且女孩似乎并没有我们想的那样难以接近,她们显然比自己还要羞怯,但却比想象中的要容易相处得多。

搭讪女孩看似困难,实则简单,很多人是因为不敢行动起来,所以才把这看作是一件困难无比的事情。同样的道理,员工在工作中也会遇到很多棘手的问题,这些问题乍一看都难以解决,令人一筹莫展。如果你被这些问题吓倒,很可能就成为它们的手下败将,可如果你不去想那么多,不管多难的问题都去尝试着解决,也许就能收获一份惊喜。

叶凡从事销售没多久,经验欠缺,还有些羞怯怕生。有一次,公司意外地安排他去联系一个重要的客户,并向对方推销本公司新上市的产品。

突然被委以如此重要的任务,叶凡感到非常吃惊。他和经理说:“我怎么能独自去见那么重要的客户,以前我都是和同事一起出去会见客户的,而且那个客户我根本就不认识,都不知道怎么和他预约。”

叶凡以为理由充分,上司一定会重新考虑这一安排。没想到他刚说完,身边的一位同事立即拿起手边的电话打到了那名客户的办公室,客户的秘书接听了电话。同事说:“我是某某公司的销售代表,最近我们公司新上市了一批产品,可能贵公司会有需求,能帮我和陈总安排一个时间谈谈吗?”叶凡对这名同事的举止瞪大了眼睛,他还没回过神,只见同事对电话说道:“好,谢谢你,明天上午十点十五分,我会按时到。”说完,同事挂下了电话,对叶凡说:“你的预约已经安排妥当。”

多年以后,已经成为公司销售总监的叶凡回忆起那次采访时说:“从那时起,我学会了单刀直入的方法,尽管做来不易,但确实很有用。”更为重要的是,这件事情让叶凡明白了一个道理:很多时候行动起来才是解决问题的最佳方案,阻碍问题解决的不是困难本身,而是我们对困难的畏惧。

正视困难的问题,在着手解决问题之前不要把它绝对化,这是正确对待问题和困难的方式。如果你遇到一个稍微棘手的问题就唉声叹气,过分夸大问题的难度,就会严重地影响自己的信心和工作积极性,这对你解决问题没有任何的帮助。

行动是解决问题的开始,行动起来,我们就已迈出了解决问题的第一步!问题的最终解绝不是靠事先想出多么完美的对策,而需要在行动的过程中不断尝试,不断调整。所有的解决方案都是在边做边调整中得到完善的,不经过实践检验的方案就等同于纸上谈兵,它只能解决想象中的问题,而解决不了实际中的问题。

只要我们行动了,我们就已经踏上了解决问题之路。坚持走下去,不断想办法克服种种困难,问题终究会得到解决。实际上,最大的问题恰恰是缺乏勇气迈出第一步,没有这第一步,就没有最终的美好结果。

4 没有不可思议的目标,只有不可思议的期限

为每一个目标设定最后期限,你就有了一位实现目标的监督者——时间。

巴金森在他的著作《巴金森法则》一书中这样写道:"你有多少时间去完成工作,工作就变得需要那么多时间。"如果给你一整天来做某事,结果你会发现真的用了一整天;如果只给你一个小时,也许这件事就在一小时内被解决了。

在我们的工作中只有不可思议的期限,而不存在什么不可思议的目标。有些工作迟迟没有进展,看上去似乎难以完成,但其实只是因为你没有为达成目标设定最后的期限。今天该做的事拖到明天完成,现在要打的电话几个小时之后才打,这个季度该做的报表被推到了下个季度……正是因为这样一再拖延的行为,才会让你与想要达成的目标渐行渐远。

实现目标唯一的办法就是勇敢地去做,不去做,再简单的目标都是遥不可及的存在。如果你总是畏惧困难,不敢去将目标实现,而是把手头的工作一拖再拖,那么你永远都难以获得成功。

周三的清晨,赵辉走在上班的路上,他信誓旦旦地做出决定,一到公司就要开始着手某个项目计划的拟定工作。领导周一就把这项工作交代给他,希望他在本周完成,但因为工作很棘手,所以他到现在都还没有开始做。此时赵辉很后悔没有好好利用前两天的时间,于是他暗暗下定决心,今天至少要完成任务的一半。

上午八点半,赵辉准时走进自己的办公室,正打算开始既定的工作,却发现办公桌上一片狼藉。他心想,没有一个良好的办公环境,势必影响自己的工作效率,于是决定先整理好自己的办公桌。花了十几分钟,赵辉终于将办公桌整理完毕,正要埋头工作,突然又被一旁报纸上显眼的新闻所吸引。他随手拿起报纸一翻,里面有很多自己感兴趣的内容。他想反正今天的报纸要花时间看,再说多看些新闻对自己的工作也有帮助,于是开始心安理得地看了起来。

等到看完感兴趣的新闻,抬腕一看,已经快九点半了。赵辉略感不对,毕竟他又浪费了半个多小时的宝贵时间。于是,他再次暗下决心要立即投入到工作中。正当他准备开始工作时,电话响了起来,这是一位客户的投诉电话。他连解释带赔罪地解释了二十多分钟才平息客户的怒火。放下电话,赵辉起身去了趟洗手间,回来时闻到了咖啡的香味,原来同事正在享用上午茶。他们邀请赵辉加入,他本想婉拒,但想到拟定项目计划是件颇费神的事,没有好状态很难顺利进行,于是便愉快地接受了邀请。

在与同事有一搭没一搭地闲聊了一会儿后,他回到了办公桌前。本以为这下可以全力投入到工作中了,再一看表,乖乖,现在已是十点多了,再过一刻钟,部门的日常会议就要开始了。他想反正这点时间也做不出什么样子,干脆把工作推到明天去做吧!就这样,赵辉把一个上午的时间都浪费在了琐事上,而他的工作,又再一次被推迟去做了……

看看赵辉的表现,你是不是也想起了曾经或现在的自己,你是不是也和他一样有着拖延工作的习惯?拖延并不是解决问题的办法,你拖得再久,工作还是在那里,不会有人来解决。只有行动起来,勇于面对那些棘手的工作,才有可能战胜困难,实现那些看似不可能的目标。

在开始某一项工作前,务必要给每一步行动计划定下最后的落实期限,确保计划得以及时推进。设定期限可以帮我们杜绝拖延,提高做事的效率。时间就像一个严厉的监督者,它会给我们施加压力。我们可以迟迟不行动,或者拖拖拉拉,但时间却一刻也不停地逼近最后期限,它时刻提醒自己光阴之流逝、生命之短暂。

不仅如此,为了培养迅速行动的好习惯,你需要为每一次的拖延制定惩罚措施。要成为自己的监督者,如果没有惩罚,我们会一次又一次地延缓最后的期限,让每一次的计划,每一个目标都向后拖,直至被取消。

不为计划设定最后期限,其危害远远超过我们的想象。它会助长我们的拖拉和懒散,让我们变得懦弱,让我们逐渐失去自控力,让我们越来越不能把握自己的命运。其结果就是每一个目标都被拖延,拖延的时间越久,实现的信心越小,以至于自暴自弃,彻底放弃。

清人文嘉有一首脍炙人口的《今日歌》:“今日复今日,今日何其少;今日又不为,此事何时了……”这首诗告诫人们要注意时间的宝贵性,不要白白地虚度光阴。对于每一名员工来说,时间都是宝贵的,所以我们要为每一项工作都设定好最后的期限,用时间来对自己进行监督,只有这样才能充分利用好今天,不至于发出类似“此事何时了”的慨叹。

5 认为自己能,就没什么不能

一个怀有必胜信念的人,已经踏上了成功之路。

一个连自己都不相信的人,即便上天赐予他再好的条件,他都会因不敢施展而败下阵来。

“即使你们把我身上的衣服扒得精光,一个子儿也不剩,然后把我扔在撒哈拉沙漠的中心,但只要给我点儿时间,并且让一支商队从我身边经过,那要不了多久,我还会再次获得成功。”

这是石油大王洛克菲勒的一句名言。在洛克菲勒看来,信心乃成功之父，一个怀有必胜信念的人，等于已经走在了通往成功的路上，而如果一个人总是怀疑自己，对自己没有信心，那么即便有很高的天赋能力也难以获得成功。

相信自己，才会敢于去尝试，才有可能获得成功。我们身边有很多员工就是因为严重的不自信，所以不能充分发挥出自身的潜能，以至于在企业中埋没了自己的才华。事实上，每一个人的智力水平和天赋都是差不多的，也许后天形成的能力有所差距，但这些都是可以通过努力来弥补的。与那些优秀的员工相比，你其实并不缺少成功的天赋，真正缺少的只是敢于去做的意识。

王金芳是一家塑料厂的普通女工，主要工作是看着一台可以24小时不停编织出蛇皮袋的机车。她学历不高，因为家庭经济困难，初中还没毕业就退学了。尽管如此，王金芳对未来却并没有失去信心。

十八岁那年，她走出大山，进入了深圳的一家工厂。初入大城市的她，马上被城市的繁华所行动——她决心改变自己的命运。

有一次，几个女工在闲聊时谈到了以后的理想，当时王金芳就郑重其事地说要成为一名出色的会计。别人听了她的话都取笑她，说一个初中没毕业的人怎么可能去做会计，还是趁早死了这条心。

工友们的冷嘲热讽并没有让王金芳失去信心，相反更激起了她学习的动力。毕竟，她要做一个会计，并不是没有缘由的，从小数学成绩就很好的她有信心能够成为一个出色的会计。

想归想，真正做起来却是不容易的。车间里工作环境非常恶劣，浓浓的塑料味道和机车油味道让人喘不过气来，而且还经常要加班到很晚。可是，就是这样艰苦的条件也没能影响到王金芳的决心。她每天省吃俭用，购买了很多财会方面的书籍，还报名参加了一个会计培训班。除了每周按时上课，在私下里她也反反复复去看那些参考书，用她自己的话说就是——抓紧每分每秒来学习，只要自己去做，就没有什么不可能。

一个初中都没毕业的人去看那些生涩难懂的财务书籍，其中的难度之大可想而知。可王金芳天生就是个不服输的人,一旦认定要做就坚持到底。起初学的时候她也有很多问题不懂,不懂的地方她先是自己看书研究,实在摸不透就去请教老师。功夫不负有心人,经过两年多的学习,王金芳终于考取了会计证,并且在厂子里找到了一份会计的工作。不久之后,王金芳又再接再厉考取了注册会计师,真正成为了一名优秀的会计。

信心是"成功之父",认为自己能,就没什么不能。强大的自信是王金芳成功的因素之一,这份自信给了她坚持到底的动力,让她实现了人生的理想。

自信能推动人不断地成长与进步,在一点点的进步中,我们具备了成功的素质。所以,有自信的人才能梦想成真。

梦想与现实相距遥远,据说要梦想成真必须行路万里,尘世中有五个性格不同的人踏上了自己的寻梦之旅。

第一个人是"自卑者",他看不到自己身上的长处,总喜欢拿别人的长处与自己的短处比。因为自卑,他很少表现自己,一遇到困难就认为自己能力有限,马上便放弃了。因此,他的能力很少显现出来,自己的潜能也从没有得到挖掘。虽然他也曾梦想过,但刚一踏上征程,他便自言自语:"天下之大,能人之多,但成功者却屈指可数,我又有什么天赋异禀能脱颖而出呢?"这时,远大的梦想让他产生了恐惧,他猛地发觉梦想离现实太过遥远了,而自己确实没什么本事来实现这个梦,这样想着,没走几步,他就决定放弃了。

第二个人是"谦虚者",他见自卑者在路途伊始就已放弃,开始自忖:"虽然我的能耐在他之上,行走百里不在话下,但能否远至千里已成疑问,更不用说这万里征程了!"没走多远,谦虚者也选择了退却。谦虚者平时做事不愿竭尽全力做到最好,而人们清楚他的能耐远在此之上,这也让他留下了谦虚的美名。于是对于自己的放弃,他不但不觉惋惜,还逢人就说:"不是我不愿努力,只是我有自知之明。"

第三个人是"胆怯者",因为自认为比自卑者强,他本来还有些信心,但见越来越多的人放弃了寻梦之旅,他开始害怕起来:

“看来这万里征程确实很难走，路途上一定荆棘遍布、充满艰险，如果我贸然前行，很可能遍体鳞伤，而且我的能耐虽在自卑者之上，但也不比谦虚者高多少，连他都放弃了，我又凭什么走完这困难重重的万里之途！如果一意孤行，岂不招人非议？”想到这儿，胆怯者开始沿途折返。

第四个人是“茫然者”，茫然者喜欢担忧。他有着自己的梦想，不甘安于现状，但过于担忧未来使他一遇挫折就陷入彷徨迷茫中。虽然到目前为止，他所遇到的困难并不比其他人多，但在他心里自己是上天最不眷顾的一个。他见这么多人都放弃了，便不自觉地再次陷入忧虑中：看来，能实现梦想的人若非天赋异禀，就是机遇太好，自己恐怕没有这么好的命，还是像他人一样臣服于现实吧。结果，茫然者也无功而返。

前面四个人见路上还有一个“追求者”在艰难地跋涉，不肯停下自己的脚步，便一齐嘲笑他：“人人都放弃了，只剩下一个还在做白日梦。”

那个人就是第五个人。他有过自卑，有过谦虚，有过胆怯和茫然，但每次他都能很快摆脱这些消极心态，重新振作起来。他能力并不比前面四个人强多少，但他从来没有轻视过自己。他渴望去实现自己心中的梦想，他相信只要不放弃，就能一点点靠近自己的梦想。当走完百里时，他发现自己依然能往前走，当跨过千里之界时，他的信心越来越强，认为万里征程并没有想的那么可怕。他开始挑战极限，挑战自我，最终，他走完了万里征程。

梦想成真之时，他总结道：“不是一个人能走多远，才走多远，而是敢走多远，就能走多远。决定一个人人生高度的，不是开始时的预测，而只能在奋斗之后揭晓。”这个人就是“自信者”，那个一直认为自己能的人。

自信者之所以能实现梦想，行路万里，就在于用聪明才智证明自己能行，而非像自卑者那样证明自己不行。自信者知道，在困境和挫折面前，相信自己，鼓励自己，敢于拼搏，这是战胜困境和挫折的唯一出路，他们不会愚蠢地否定自己，这样只会让自己深陷泥潭。

你现在已经准备好了吗？挺起胸膛，拿出你的自信来，也许你曾想过要成为优秀的员工，成为被企业所倚仗的人，那么就从现在开始，相信自己，勇敢地行动起来吧——只要你认为自己能，就没有什么不能。

6

当做成为一种习惯，一切就会变得简单

一件事情我们究竟能不能做到，只有在全力以赴做了之后才能见分晓。

员工大致可以分为两类：一种喜欢空想，一种乐于行动。空想是一种习惯，行动也是一种习惯。作为一种坏习惯，空想很容易形成。作为一种好习惯，果断行动则需要刻意磨炼。

日常工作中，我们90%的行为都是源于自己的习惯。想想看，每天早晨上班时，你是遵守时间还是天天迟到？领导委派下一项任务时，你是拖拖拉拉还是雷厉风行地完成？工作中遇到难解的问题时，你会将微笑挂在脸上还是一脸严肃？

习惯综合在一起，就构成一个人的性格，而习惯又决定性格，性格决定命运。因此，每一名员工都应该慎重对待习惯，要积极培养好习惯，以代替那些或隐或显的坏习惯。

同样的行为，通过不断重复，就会形成习惯。行为重复得越久，习惯就越根深蒂固，积久而成的习惯犹如一棵参天大树那样难以撼动。如果这棵根深蒂固的粗壮大树是你养成的好习惯，那么恭喜你，你的工作将做得越来越出色，因为好习惯能带给我们健康、乐观、财富、技能、知识等等。但如果它是你不知不觉形成的坏习惯，你的工作将会遇到许多的不顺与坎坷！

葛枫是一名普通的建筑工人，最近他养成了一种习惯，每天起床后，他总要坐在餐桌旁翻一翻有关建筑方面的杂志，时间大约在1小时左右。因为文化程度不高，书里的很多知识葛枫都不理解，为了弄懂这些，他时常去附近的图书馆翻阅资料，并向专业知识丰富的施工员学习请教。

虽然这么做花费了葛枫不少的时间，使得他每天休息娱乐的时间更少了，可他依然坚持了下来。因为，他在培养自己热爱学习的好习惯——只要有了这个好习惯，自己就能够从一名普通的建筑工人变成一个专业的建筑施工者，彻底改变自己的人生轨迹。

由于每天都这样做，没过多久，这一习惯就开始发挥神奇的效用：葛枫变得越来越博学，更有经验而且更专业了。因为掌握的知识越来越多，他也开始将这些知识运用到工作之中，并且取得了不错的效果——他被施工方任命为质检员，薪酬比之前翻了一倍多。

在工友们看来，葛枫显得比其他人更聪明，更有能力。事实上，在养成这个好习惯前，葛枫的水平并不比其他人要好多少。可是，一个人的改变往往就是这么简单的一件事情，只要自己有了走向成功的好习惯，那么就会成为一个“人上人”。

没过几年，葛枫的这个好习惯将他推上了更大的人生舞台——本来只是一名普通工人的葛枫，现在已经是一位小有名气的工程师了。而他当年的很多同事，还只是默默无闻地工作在建筑第一线上……

从这个案例中我们可以看出：当做成为一种习惯时，一切将开始变得简单。

如果我们养成了立即行动，用行动验证想法的好习惯，我们就找到了“实践”这位好老师。“实践”会教给我们经验，传授我们知识，指出我们的不足和错误，为我们指明改进的方向。

就好比打仗一样，一支军队需要明确敌人的弱点，弄清己方的主攻方向，才能集中所有的火力，专攻一点，这样才能撕开敌人的防线。工作也是如此，弄清了自己的努力方向，就可以从容计划。只要不停地想办法去解决问题,就不怕它会永远挡在前面。记住:办法总比问题多!

如果我们养成了雷厉风行的做事习惯,相信行动是打破现状的唯一办法,所有有效的解决方案都只能在做的过程中完善,我们就不会觉得离目标太远,不会畏首畏尾不敢采取行动,不会害怕失败。那样,一切就将变得简单。

一切变得简单,并不是说我们不会遇到困难,或者只要我们做了,就能克服一切困难,而是指我们已彻底突破了只想不做的状态,随时可以跨过只想不做的门槛。我们将用行动给出问题的答案,一件事情究竟能不能做到,只有在全力以赴做了之后才能见分晓。

喜欢空想的员工会把任何事情变得复杂,他们不敢尝试,这注定了他们的命运:他们还没开始就已失败。而乐于行动的员工只知道,做,可以将任何事情从不可能变成可能;不做,任何事情都将从可能变成不可能。

做就是在准备,做就是在提升,做就是在完善,做就是在接近,做就是在发现成功之路。

7 必须摒弃只想不做的习惯

要培养果断行动的习惯,想好的事情就立即去做。

如果你认为自己的主意很好,就去试一试!

如果说成功需要面对很多困难,那么只想不做就是你面临的第一个困难。只想不做是空想者的标志,也是阻碍我们实现目标的巨大障碍。它像一根绳索一样捆住了我们的手脚,让我们动弹不得,最终我们被困在了自己打造的枷锁中。

只想不做,是一种危害极大的坏习惯,染上这种坏习惯的员工,会变得消极、胆怯,逐渐失去自信。我们必须摒弃只想不做的习惯,而驱除一种坏习惯的最好方式就是用一种好习惯替换它。所以,要培养果断行动的习惯,想好的事情就立即去做。

优秀员工的一大特点就是勇于尝试,他们从不认为有什么事情太难而做不好的,更不会妄自菲薄,轻视自己,大胆去做就是他们获得成功的秘诀。很显然,大胆去做,你并不会因此失去什么,却可能成就自己的梦想。而只想不做,不敢尝试,会让你越来越胆怯,越来越不自信,这注定是一条通向失败的道路。

1983年10月,李恪出生在北京房山区。因为爷爷是一位农民作家,受爷爷的影响,李恪从小就喜欢写东西。高三毕业后,李恪顺利考入了一家国家重点院校的新闻传播学院。在经历了四年的学习和磨炼之后,李恪一毕业就在一家报社找到了工作,成为了一名新闻工作者。

刚刚工作的第一个月,领导交给他一个任务,让他为报纸征集新的订户。接到任务后,他立刻做了详细的策划,并且进行了实际调研。根据调研结果,他大胆提出了新设想:新近结婚的人最有可能成为报纸的新订户,因为他们的报纸中的婚姻版块是市场上同类报纸中最好的。李恪把这个想法和同事们说了,但大家都对此不以为然,认为这个想法根本不是很成熟。一个老记者直接当着李恪的面说:"一个刚出茅庐的新人,不按照报社原来的做法,自己搞创新,这肯定会失败的。"

面对同事们的质疑,李恪并没有气馁,他觉得做了之后才能知道计划到底行还是不行。于是,他马上动手去抄录新婚夫妇的姓名和地址,然后一一向这些新婚燕尔的潜在订户发出有私人签名的宣传信。在寄出这封信之前,李恪请示领导后允诺免费向他们赠阅两周的报纸。

虽然有些冒险,但李恪的推销招数还是取得了不错的效果,没过多久他就发展了一批新订户,出色地完成了领导交代下来的任务。而此时,当初那些质疑他的同事都在对李恪刮目相看的同时,也非常佩服这个年轻人做事的勇气。

如果因为别人的怀疑就轻易放弃机会，李恪也许就不能出色地完成工作，那么他也会因此失去一次向领导证明自己的机会。敢于尝试，敢想敢干的风格让他抓住了那次难得的机遇，并因此走向了成功。

人人都渴望成功，但如果你不把只想不做的恶习从脑中抹掉，永远都只能做做白日梦。要想让自己变得更加优秀，成为企业中重要的人，就应该学会勇敢地去做，抓住身边每一次成功的机会。

做了，不一定会成功。不做，就没可能成功。所以，要想实现自己的梦想，与成功更加接近，就应丢掉只想不做的习惯，变得敢想敢做。当你有勇气去实践自己的想法时，也就走上了成功的康庄大道。

8

敢做是激发内在潜能的挖掘机

越是自信，越是敢于行动的人，他们从潜能这座金矿中所得就越多。

有好的想法，就立即行动，不管是否成功，你都能在做事的过程中得到锻炼。

每名员工身上都有很大的潜能，就像是一个蕴藏丰富的金矿。然而，只有少数员工认识到了这一点，并且抓住一切机会积极行动，用行动的铁锹来挖掘这座宝藏。越是自信，越是敢于行动的员工，他们从自己的金矿中所得就越多，而那些畏首畏尾、不敢行动的员工，等于放弃了自己身上的这笔财富，这样的员工自然难以出人头地。

有能力的员工，善于挖掘自身潜能，而且他们都有一个共同的特点，就是敢做。因为行动是他们挖掘潜能的工具，任何潜能都是在实际做事的过程中得到开发的。所以，有好的想法，就立即行动，不管是否成功，你都能在做事的过程中得到锻炼。

赵东林是东北某保险公司的一名推销员。他平时非常喜欢打猎和钓鱼，他常常带着钓鱼竿和猎枪步行几十里地到森林深处，几天后带着满身污泥，筋疲力尽地回来，这是他最喜欢的生活。

他的爱好简单，这样的生活唯一让他感到矛盾的是，他是个保险推销员，工作中很耗费精力，而打猎和钓鱼恰恰也非常耗费时间。

一天，当他依依不舍地放下手中心爱的钓竿，准备打道回府时，竟突发奇想：在这荒山野岭中是否也有人需要保险呢？这样的话自己就既可到户外“逍遥”，又可兼顾工作了！这么一个新奇的想法，他以前竟没有想到。

第二天一大早，他就沿着这里的铁路线开始了自己的推销工作，因为他知道好的想法一定要果断地去做。因为，在这里散居着几百户的铁路员工，自己完全可以沿着铁路线向这些铁路居民们兜售保险。

虽然这样的推销非常辛苦，因为好多地方都不通车，只能靠走。但是，赵东林一点都不嫌累，而且他时刻都在提醒自己：“下定决心之后就要果断采取行动，而且在果断的基础上更要坚持。”

他在崇山峻岭中一待就是半年。为了和当地人拉近关系，他经常和他们一起上山打猎、去湖边钓鱼。此外，他还学会了理发、烹饪等手艺，并为他们免费提供服务。很快，他就和这里的人都混熟了，并赢得了他们的信任，几乎这里所有的人都购买了他的商业保险。

就这样，赵东林既做了自己想做的事：打猎、钓鱼、在山林湖泊中徜徉。另一边，他一次又一次地成功推销出了自己的保险。

现在，他已经成了当地很受欢迎的人，他的保险产品也获得了人们的青睐，而且在这里没有任何的竞争者。

敢做，下决心立刻去做，你就已经在用行动来挖掘自己的潜能了。所有人的潜能都是在实际做事的过程中得到开发的，就如同不经过练习，你就永远不会游泳或打球一样。假如赵东林在产生那个想法的时候有半点迟疑,他就可能否定自己的想法,原路返回继续以前的工作,那样他至今恐怕还是一个默默无闻的保险推销员,同时他也离自己的梦想生活越来越远。是立即行动激发了他身上的潜能,让他做出了自己以前想都不敢想的业绩。

可见,敢做是激发内在潜能的挖掘机。你的勇气和行动将引导你发现自己的才能,你将在一次次行动的“训练”下,不断提高,不断进步,跳到你之前可望而不可即的高度。而畏惧和怀疑将把你变成一个“凶手”,一个扼杀自己潜藏才华的“凶手”,你的所有潜能都将在畏惧和怀疑中,在迟迟不肯行动中葬送。

永远记住,你比你想象的还要强大! 永远都别用不行动来阻止自己对自己的训练。

9

多一条退路,少一分勇气

退路越多,面对困难的勇气越少。

我们需要借助各种方式来激发自己的决心和意志,自断后路就是其中之一。

很多时候,多一条退路,并不是一件好事情——多一条退路,往往会让我们少一分勇气和执著。

退路会让我们心生动摇,就好比一棵没有扎稳根基的大树一样,狂风暴雨一来,它就被连根拔起。若想成功,若想屹立不倒,就需要坚定必胜的信念,断绝任何退路,像大树一样在自己选择的事情上深深扎根。根系越发达,就越不会动摇。而只有一棵毫不动摇的大树才能抵御风暴,才能枝繁叶茂。

古往今来,许多著名人士都是通过断绝后路的方式才获得成功的。因为人性是共通的,没有人生来就无比坚强、无比执著。在困难和挫折面前谁都可能打退堂鼓,这时我们就需要借助各种方式来帮助自己坚定信念。

吴天建是一家煤矿企业的安全管理员,同时他也是当地小有名气的青年作家。2009年8月,他与一家出版商签订出版合约,半年内需要完成一部十余万字的小说作品交稿出版。为了能顺利履行合约,吴天建决定在这半年内将全部精力都放在写作上。但他知道人很容易违背自己的承诺,尤其是那些需要高度自制的、难以完成的承诺。于是,他将自己的全部衣物都锁在柜子里,并将钥匙扔进了附近的一个小湖中。

由于根本拿不出外出穿的衣服,吴天建断绝了任何外出游玩和会友的念头,每天认真上完班之后,便一头扎进自己的创作中。即便是节假日,他也专心写稿。他知道,这部书稿能否顺利完成,对于自己的人生有着重要影响,之前他只是在报纸杂志上发表"豆腐块儿"文章,现在写的这部书稿可是他人生中的第一部图书。

结果是,这种勤奋、专一的写作让进度超出了原来的计划,他在合同截止日期的前两周就顺利完稿。

幸运从来都是青睐那些有准备的人。当初为了写这部书稿而拼尽全力的吴天建,在图书出版半年之后,就成为了文学圈最有影响力的新人之一。可以说,他之所以有如此大的成就,很大程度就是因为他为自己的惰性切断了后路,在勤奋与执著中创造出了属于自己的辉煌。

每个人都会有惰性,也都会有信心不足和畏惧困难的时候,这是人类共同的天性;而成功员工与普通员工的不同之处只在于,他们会借助各种方式来激发自己的决心和意志,自断后路就是其中之一。破釜沉舟是中国人熟知的典故,这就是自断后路而成功的范例,项羽展示了普天下成功者共有的素质,那就是必胜的信念和成大事的魄力。

成功的员工注定要与挫折、困难、磨砺同行,挫折困难一方面打击了他们的信心和意志,另一方面又促使他们坚定信念,呼唤勇气。如果你为自己早早就留好了退路,就很容易败在这些挫折和困难面前,变得消极,失去自信。你的轻易退却让自己失去了用更强大的信念和勇气战胜它们的机会。

困难会让我们身心疲倦,贪图安逸的本性让我们本能地逃离各种苦难,但做事情不能没有魄力和顽强的意志,因为很少有事情能随随便便成功。因而,在关键时刻敢于砍断后路,才能逼迫自己勇往直前,奋力一搏,而成功往往在这一搏之后。

如果一名员工不懂得如何与自身的懦弱和自卑做斗争,不懂得如何去战胜存在于每个人内心的人性的弱点,不懂得如何去超越自己,那他就只能被这些弱点所俘虏,沦为失败大军中的一员。

10

时机多是在行动中成熟起来的

没有绝对完美的时机,等到一切都成熟了,也就失去了做的最佳时机。

时机比充足的条件更重要,所以我们要养成"想做的事情要立刻去做"的习惯!

在企业中,很多员工最需要的不是成熟的时间,而是立即行动的勇气和决心。时机越成熟,越会让我们形成一种等、靠、要的心理,迟迟不肯行动,总以为还需要更成熟的时机。

时机多是在行动中成熟起来的,没有时机完全成熟的那一天,即便老天眷顾我们,事先准备好所有的条件,我们还会以条件不足为由而不去行动。

一个名叫马格的年轻人在省城最大的电力公司上班,他从普通员工开始做起,在这里一做就是三年多。许多著名的电力工程师都是从普通员工做起,然后一步步转型为设计人员。马格虽然也有意去做电力工程师,但却一直没有勇气去尝试,他总是觉得自己的能力还不够。其实,马格的学识和能力都很优秀,在同龄人中已是佼佼者了。

和马格一道来公司的刘欢,能力并不如马格,但他现在却是一名电力工程师,而且已经独立负责过了好几个成功的大项目。马格很是羡慕刘欢的经历,私底下向他请教怎样才能成为一名电力工程师。刘欢对他说:"以你的水平,完全可以去做电力工程师,只要勇于尝试,就可以获得成功。"

尽管刘欢的话让马格很激动,但他还是有很多的犹豫,害怕自己能力不够,学识浅薄。因此,他没有按照刘欢说的那么去做,依然每天默默地在自己的岗位上工作。

又过了几年,刘欢已经成为了国内知名电力专家,而马格依然在为如何成为一名电力工程师而苦恼。

想做的事情,立刻去做。如果刘欢当时和自己的同事马格想法一样,恐怕永远不会成为一名电力行业的精英。这两个人的不同足以说明,能力的强弱并不能决定境遇的好坏,成功与否,往往在于你的一念之差:再等等条件成熟,还是立刻付诸行动?而取得成功的人,往往是那些更有勇气、更快一步的人。他们的理念是,想做的事情,立刻去做。

当然,立刻去做想做的事情,并不是说每个人无论条件允许与否都应该不顾一切地去将自己的想法付诸实施。而是说,我们不要幻想时机能够完全成熟,妄图等条件具备了再去行动。殊不知,很多宝贵的机会就是这样从我们身边擦肩而过的。

现实是残酷的,它不会主动去满足任何人的心愿,一切皆需要我们主动采取行动。如果每一个员工在工作中,总是想等到时机成熟了再采取行动,并因此一味拖延,恐怕我们永远都不会行动,因为现实从来就不会为我们提供十全十美的时机。

吉利总裁李书福说:"我们浙江人做生意,就是有胆识,准备到有一半把握的时候,就要开始去做了。等你完全准备好再去做的时候,机会早就离你远去了。"浙江人做生意习惯于从眼前出发,不管将来如何,一旦有点条件就开始干起来。这并不是说他们没有远见,不会着眼未来,而主要是指他们能立足实际,崇尚实干。他们喜欢先做些小生意,然后再图谋更大的发展。如果员工不能像浙江人那样果断,而且总想等到条件都具备了、成熟了再行动,那么他们就很难成为一名优秀的员工。

众所周知,伟人之所以伟大,就在于他们具有非凡的洞察力、决断力和执行力。凡事只要他们看清趋势,就会立即行动,没有条件创造条件也要做。而一般人多会想等一切都清楚明了了,条件都具备了再行动,这就是成功者与失败者之间的重大差别。所以,我们在工作中就应该向伟人学习,要拥有一颗不退缩的心,即便是条件再怎么艰苦也要坚决去做。

事实也证明,在机遇的竞赛中,只有行事果决的人才能成为最终的赢家。

11

速度决定成败

时间就是金钱,有时速度比时间更金贵。可以说世上没有一个大业绩会是由犹豫不决者创造的。

俄国著名的军事统帅苏沃洛夫曾说:“一分钟决定战局,一个小时决定战争的胜负,一天决定国家的命运。”兵贵神速,在瞬息万变的战争年代,速度显得至关重要。

战争如此,工作亦如此,在我们的日常工作中,目标的实现同样也需要速度。速度快的员工,就能领先于别人得到机会,而速度慢的员工,只能眼睁睁看着别人享受成功的喜悦。

在这个速度制胜的年代里,有时候速度比时间还要重要。有了速度,你就能迅速接近目标,将其他人远远甩在身后。也许你的能力水平不如他们,但因为速度快,所以总是领先一步。

有一家企业为了考核三名员工,特意把他们派到同一个地方去执行工作,并告诉他们,谁先和客户完成签约,就通过了公司的考核。

这几名员工,在接受了委派之后就纷纷赶往那个地方,每个人在路上都在计划着应该如何去做。

第一名员工到达目的地后,先找好了一家旅馆,他认为需要以饱满的精神状态去见客户,所以先在旅馆里休息了半天。

第二名员工来之后,意识到时间的紧急,于是立刻和分公司的人取得了联系,向他们要了客户的详细资料,然后开始仔细研究。

第三名员工下了火车后,一没有去找旅馆,二没有查客户的资料,他在候车大厅洗了把脸,简单地整理一下就打车去了客户的公司。

第一名员工休息好去了客户的公司,第二名员工在看完客户的资料后也打电话和对方接洽。但让他们感到沮丧的是,有位同事先于他们和对方取得了联系,并且现在已经谈好了合作事宜。

机会总会眷顾于那些行动快速的员工,因为他们先向机会伸出了手。而这些员工,因为紧紧抓住了机会,所以也就比别人更容易获得成功。

成功需要速度,出手迅捷的员工往往能把握决定成败的关键时刻。世上没有一个伟大的业绩会是由犹豫不决者创造的,思前想后固然可以免去一些做错事的可能,但可能也会失去更多成功的机遇。

一名优秀的员工,就应该具备果断的行动力,凡是自己应做的事,不因有风险而退缩。当遇到突发之事,也不因恐惧而心生慌张,无法行动。

对那些拖延磨蹭,深受犹豫不决之苦的员工来说,唯一的医治之方就是做出果断的决定。成败与否,速度决定。胜利或是溃逃,成功或是失败,就看你是否马上去做了。

第三章 放手做:积极面对行动中的阻碍

放手做,就是在遇到困难的时候敢于面对,不惧怕、不后退,勇敢地去做。换句话说,只有在工作中能够积极地面对行动中的阻碍的员工,才有可能成为优秀员工。

1

障碍是指向成功的路标

明确你所面临的障碍,你才能知道前进的方向。

遇到障碍怎么办?是选择退却,还是继续勇往直前?面对障碍,每名员工都会面临这样的选择。以何种态度对待你所遇到的障碍,将决定你今后的人生之旅是充满阳光,还是遍布阴霾。

成功的员工能够正视障碍,他们积极地面对一切,把障碍当做指向成功的目标,这样,无论走到哪里他们都能获得成功。失败的员工高估了障碍的难处,他们没有勇气和决心去跨越障碍,遇到障碍总是知难而退,所以最后渐渐归于平庸。

工作过程中的每一个障碍都是对员工的考验,经受住这个考验,就会迎来前方的曙光。障碍随时会出现在我们面前,挫折是"宝",困难是"金",障碍是指引你走向成功的路标。许多员工正是从逆境走出,把障碍当成前进的路标才会越挫越勇,最终登上了成功的高峰。

世界跳水冠军郭晶晶,外人看来风光无比,但却很少有人知道郭晶晶成功道路上的艰辛。

二十多年前,郭晶晶还很小的时候就显露出了在跳台上的天赋,但麻烦也随之而来。教练说郭晶晶的膝盖骨有些外突,这样会严重影响她空中造型的美感,要想突破这个障碍,只有通过强行压腿才能纠正身体这个缺陷。

为了克服身体的缺陷,郭晶晶每天晚上都要进行强行压腿。所谓压腿,其实就是让爸爸坐在她的膝盖上压着,爸爸

140多斤的体重压在腿上,每天这个时候郭晶晶都会疼得浑身打战,但她依然咬着牙坚持了下来。两年后,郭晶晶膝盖上的外突终于被压平,她的跳水动作更加优美了,这也让她离成功越来越近。

"强制压腿"对郭晶晶来说是一个不小的考验,但她最后还是坚持了下来,并且由此收获了成功。假如当年她因为怕痛就放弃了纠正身体的缺陷,那么日后也不可能站在奥运会最高的领奖台上,更不会成为家喻户晓的体育明星。

诚然,障碍并不是什么好事,谁都希望自己的工作总是一帆风顺。然而,障碍不会因为你不愿意就不来骚扰你,在你前进的道路上难免会遇到各种各样的障碍。如果在遇到障碍的时候你选择止步不前,或者干脆掉头而去,那么你永远不可能继续前进。障碍虽然是一种磨难,但更加是一种契机,战胜了障碍,你就进入到了一个崭新的境界之中。

叶茂是四川煤炭产业集团的一名普通检修工人,他曾因为技术粗糙被评为"末位职工",在工厂里备受冷眼。但是,凭借着惊人的毅力,叶茂战胜了这些前进道路上的障碍,最终成长为了一名优秀员工。

1995年,叶茂从高专毕业,几经辗转来到了四川煤矿产业集团。第一天上班,他就接到了让他吓一跳的活儿:两条索道运输线路分别长达9.4公里和5.6公里,横跨大竹、达县,途经木头、渡市等数个乡镇。叶茂和他的工友们担负着达竹公司铁山片区煤炭运输的任务,工作繁忙紧张,强度之大让人喘不过气来。

生性腼腆、不善与人交谈的叶茂,不知道该怎样做好这份工作。上班半年来,他一连几个月都被车间工段班组评为检修不合格职工。叶茂常常自问,自己真有这么差吗?他觉得很委屈,但又不好意思和师傅朋友倾诉,郁闷得无以复加。

就在叶茂处于人生低谷的时候,他的师傅耐心地开导他,对他说每个人都会遇到障碍,只有跨越障碍才有可能获得成长。听了师傅的一席话后,叶茂又重新找回了勇气和自信,他开始以崭新的姿态来面对自己的工作。

每天,叶茂都背着自己的检修工具箱,跟着师傅忙碌在轮子、斗子、架子、索道这四点一线上,一点也不松懈。无论是加油还是巡检,他都和师傅共同奋战,相互鼓劲打气,力争将检修任务完成到最好。在这个过程中,好学的叶茂从师傅那里学到了很多宝贵的技术,经验也一天天增长。做了一年多的时间,叶茂已经成长为一名优秀的检修工人,狠狠地甩掉了那顶“末位员工”的帽子。

有首歌中唱过,不经历风雨,怎能见彩虹?每个人在工作过程中都会遇到障碍前进的风雨,只有勇敢地接受这风雨的洗礼,才能完成从平凡到卓越的蜕变。如果叶茂在遇到困难时灰心丧气,意志消沉,也许他这一生永远都会带着那顶“末位员工”的帽子而无法自拔,正是因为他积极面对行动中的障碍,才终于走上了通往成功的道路。

对一个敢于成功、想要成功的员工来说,障碍是磨砺你意志的最好方式,经受住了障碍的考验,你才能褪去青涩,变得更加成熟与坚强。

摔倒了并不可怕,每摔倒一次,便获得了一次宝贵的经验,得到了一次生活的历练。只要每次摔倒后都能坚强地站起来,吸取教训,继续前进,早晚会获得成功。

2

面对障碍:决心比能力更重要

决心比能力更能让你突破自己。

决心,是实现目标最有力的武器。不管做什么工作,只要确立了明确的目标,并且下定决心去做,就一定会有所收获。反之,如果没有足够的决心,遇到点小障碍就裹足不前,这样就很难获得进步。

在一名员工的发展过程中,能力固然十分重要,但与之相比决心更加的重要。有了决心,不管做什么事都会自始至终充满干劲,绝不会因为一点小挫折就产生畏惧退缩的心理。有了坚定的决心,才能最大程度发挥出自身的能力。

大诗人李白小时候曾在山中学习,那时候他常常觉得读书索然无味,没事就喜欢去四处游玩。有一次,他在游玩的过程中来到了一条小溪,看见有一个老婆婆正在那里打磨铁杵。李白看了有些奇怪,于是就问道:“你为什么要打磨这根铁杵?”

老婆婆回答:“我想用它来做一根针。”

李白继续问道:“这么粗的铁杵磨成一根绣花针,能行吗?”

老婆婆答道:“只要工夫深。”

李白听了这话有所感悟,于是回到山中刻苦读书,长大后积累了渊博的知识,终成一代诗仙。

铁杵磨成针,靠的不是高超的本领,而只是勇于坚持的决心。俗话说得好,世上无难事,只怕有心人。有了决心,即使能力有所欠缺,但只要通过不懈的努力,终归能战胜前进道路上的障碍。

每名优秀员工走过的成功之路不尽相同,但有一点可以肯定的是,他们在做事的时候都有着坚定的决心,这是优秀员工身上共有的特质。这种特质决定了他们一旦开始去做,就永远不会退缩,直到收获自己的成功。

下定决心做事会让你更从容应对各种挑战,更勇敢地面对不顺与挫折。当你下定决心去做一件事的时候,无论遇到多少艰难和险阻,也不会临阵退缩,止步不前。

任杰和陆明是好朋友,他们就读于同一所大学,毕业后又去了同一家物流公司工作。在学校里,任杰一向是品学兼优的学生,还曾在学生会担任要职,方方面面的能力都很强。而陆明只是一名不起眼的学生,成绩一般,能力一般,普通得让人记不住名字。

走出校门,来到这家物流公司后,任杰和陆明都被分配到了公司的仓库做库管。没做过库管的人也许不知道,这个工作的辛苦是常人难以体会的。像任杰和陆明这样新来的员工,不仅要负责货物的验收和管理,还经常要亲自上阵,大包小包搬运东西。工作辛苦不说,每天还都要忙到很晚,十一二点才下班回家是经常的事情。

任杰和陆明都是城市里长大的孩子,自小就娇生惯养,根本没有吃过这样的苦。才干了一个多月,任杰就工作热情大减,每天都是牢骚满腹。陆明虽然工作得也很辛苦,但却有着顽强的意志,他知道要想成功就必须脚踏实地一步步做起,如果连这么点苦都吃不了,就不要谈什么成功了。

两种不同的心态,也造就了两种不同的结果。任杰被物流工作的艰辛所吓倒,只做了两个多月就辞职走人了。而陆明则始终坚持去做,克服工作中出现的种种障碍,一天天获得成长。

五年之后,任杰和陆明在同学聚会上再度相遇,此时的陆明已经是那家物流公司的副总经理。而任杰则在一家小公司做普通的职员,每月拿着可怜的工资。

这世界上战胜障碍最有力的武器是什么?是勇气,是决心,它们是一个成功员工身上必备的素质,甚至比自身的能力更加重要。任杰无论是能力还是天赋都要强于陆明,可由于他不具备这种战胜障碍的决心,所以最后半途而废,成为障碍的又一个手下败将。

谁都不是低能儿,不是没能力的人就低人一等,成功与否关键在于我们的决心与勇气。有志者事竟成,就算没有什么能力,只要下定决心去做你想做的事,只要树立做事的雄心壮志,不怕竞争,不怕风险,就一定会走向成功!

3

先从内心战胜障碍

失败首先从内心开始,成功也首先从内心开始。只有先从内心战胜障碍,我们才能心想事成。

如何从内心战胜障碍?遇到障碍时,以什么样的心态去面对?不同的员工对此有不同的反应。有些人面对障碍会不知所措,以至于乱了手脚,失了分寸。有些人面对障碍则镇定自若,坦然处之。

员工的内心若足够强大,面前的障碍便算不得什么。正视障碍,也是内心强大的一种体现。障碍就好比是一块石头,但在强者和弱者眼里却有所不同——对于强者,它是垫脚石。对于弱者,它是绊脚石。

在工作的过程中,难免会遇到大大小小的阻碍,这是对每名员工的考验。战胜了障碍,就能磨砺出坚韧不拔的性格,练就强大的内心。输给了障碍,就失去了前进的勇气,收获的只有沮丧和失落。

人是有缺点的,也是怯懦的,特别是在遇到很多障碍的时候,如果无法战胜自己的怯懦,那么永远不可能战胜障碍。事实上,人的潜能是巨大的,只要坚信自己能成功,就能获得无穷的力量,这种力量会帮助我们战胜面前的一切困难。

尚可景这辈子都不会忘记了那一天——1988 年 9 月 16 日。那一天,在勘探时迷失在沙漠里整整两天两夜的他,终于从让他感到恐惧的沙漠中走了出来。

原来两天前他跟着勘探小组去沙漠里找一个地理坐标,后来因为班组中出了一点事情,其他人都赶回去处理事情了,只留下了他一个人守在坐标的位置。按照事先的约定,如果五个小时后没有人来换他,那么他就应该撤离这里。

在地理坐标处坚守了近六个小时后,还是没有一个同事前来接替他。这时候,尚可景只好按照事先的约定,撤离地理坐标处。然而,令人感到意外的是,在野外工作了七八年的他竟然迷路了。

尚可景在大漠中迷失了方向,就在感到自己将失去救援机会的时候,他从身上的口袋里摸到了一个梨,他惊喜地喊道:"太好了,我还有一个梨,它能救我的命!"

他把那个梨紧紧地握在手中,继续在大漠里行走。望着茫茫无际的沙海,很多次对自己说:"吃一口吧!"可是转念一想:"还是留到最口渴的时候吧!"

于是他顶着炎炎烈日,继续艰难地跋涉,就这样一直坚持到走出沙漠……

终于走出大漠。那一刻,他凝视着手中的那个梨,它早已经干瘪了,可是他还是把它像个宝贝似的攥在手里,就是这一个梨,给了他希望和勇气。如果他早早地吃了这个梨,就失去了最后的希望,恐怕永远也无法走出茫茫的大漠。

工作中的障碍像是块磨刀石,把强者磨得更加坚强,把弱者磨得更加脆弱。只要内心足够强大就是强者,就是永远不屈服于懦弱的佼佼者。

征服畏惧、建立自信、下定决心找到最快最准确的方法,就是去做你害怕的事,直到你获得成功的经验——放手去做,不要让内心恐惧击败自己。

一个人掉到河里,水流湍急,他被水冲得流向下游。他拼命地在水中抓,想要抓住什么东西来救自己一命,但是手里抓到的除了水,什么都没有。

他心想:这下完了,没救了!想着想着,感觉身上也没了力气,渐渐停止了挣扎。在下沉的过程中,他突然想到了自己的家人,自己的朋友,觉得自己不能抛下他们而去,于是内心涌起了一种强烈的求生欲望。

他想起在不远处的河岸边有一棵树,树枝一直伸到河水里,他可以抱住那棵树逃生。希望又在他心中重新燃起,于是他使出浑身力气挣扎到树那里,可是伸到河里的那一截树枝早已枯死了,他刚拽到树枝,就听到"喀嚓"一声,树枝断了……

就在这个时候，救援的人及时将他从河中救了上来。事后他说："要不是心中有力量支撑着我，想着那截枯树枝，我根本等不到救援人员来！"突如其来的灾难，差点夺去了他的生命，但因为他从内心中战胜了阻碍，所以激发了巨大的潜能，最终见证了奇迹的发生。

当然，战胜胆怯，不能急于求成，要循序渐进，从最容易的事做起，坚持不懈，并相信自己不比别人差，你就一定能成为一个不胆怯的员工、有决心的员工！

只要内心坚强，不断地战胜工作中出现的种种困难，那么，阻碍在你面前就不算什么。有些员工之所以经常被阻碍绊倒，是因为做什么事都没有决心。遇到阻碍要理智地面对，多给自己希望，不断自我暗示、自我激励，就一定会成功。

4 要么打破僵局，要么停滞不前

面对障碍造成的僵局，我们别无选择，勇敢面对，才能避免停滞不前。

蝉蜕的痛苦给蝉打造了一双无比灵动的薄翼，狼的追逐成就了羚羊快如闪电的速度，东流的曲折给长江积聚了无穷的能量。

亿万年来，大自然都在重复着一个真理：无穷的艰难险阻也成就了无穷的伟大。当你被障碍难住的时候你该怎么办？是想尽办法跨越艰难险阻还是自动放弃停滞不前？你想要什么样的答案你就要付出什么样的努力。

一位哲学家说，生命就是一路的披荆斩棘。因而，有人感叹，假若生命没有荆棘那该多好啊，但要知道，没有荆棘的生命很快就会到达尽头！

因为有了荆棘才有了很多不平凡的故事。有时候,我们会埋怨那些艰难险阻,用世俗的目光去批判一块块挡住前路的顽石,却没有意识到成就你的就是阻碍你的障碍。

看看这样的一个故事,也许我们就更明白面对许多阻碍时,该如何去做,如何打破僵局,求得突破。

一家国内知名IT行业公司行政副总裁刘勇,当年刚从大学毕业时,学习的是人力资源管理专业的他一心想找与自己专业相符的工作,但是找了好久也不如愿,面试中屡屡“碰壁”,以杳无音信告终,就业问题陷入了一种僵局。

刘勇内心展开了矛盾的思考:是继续寻找与专业相关的工作,还是另谋其他的出路?前者无疑是像眼下一样大海投石,倒不如换一种思路,先打破僵局找到工作再说,以后再见机寻求发展。打破思想上的僵局之后,刘勇顿时觉得豁然开朗,他冲破之前的心理障碍,做了一名普通的环卫工人。

从事这个工作时他承受了家人和同学的不理解,甚至在工作中还遭到同事的议论,面对诸多的阻碍,他没有放弃,而是坚定地选择了继续前行,在工作中成长。他始终充满希望,告诉自己把眼前的工作做好,只要跨过去这个坎,以后慢慢会好的。

在环卫工作中,他时刻提醒自己要不断学习,才能打破现状,离自己最初的目标越来越近。就是在这样的坚持和奋斗中,他逐渐成为了环卫处的一名科长,开始发挥自己的专业特长。此后,他又不断地积累经验,并在工作的闲暇时间努力学习考取了人力资源管理硕士学位。

硕士毕业后,他直接去现在的这家公司应聘人力资源部主管的职位。结果是,学历过硬又积累了很多管理经验的他,顺利应聘到了这一职位。三年后,他做到了行政副总裁的职位,成为了一名年薪上百万的企业高管。

从上面这个案例中可以看出:经过历练,员工才能变得成熟,才会走向成功,如果刘勇陷在僵局中消极痛苦、自暴自弃,或者满足现状不思进取,就不可能改变自身低迷的处境,获得今天的成功,其实阻碍也是上帝恩赐的一种魔力,只要经历了,前行了,也就离成功不远了。

没有险阻的大自然太单调，没有障碍的事业路太枯燥。障碍成就了我们精彩的事业，在一定程度上，我们应该感谢降临身边的障碍，因为是它们磨炼了我们的意志。

也不是所有的阻碍都能促使人成功，关键在于一个人如何面对阻碍。假如用正确的心态去对待的话，不在阻碍面前踌躇徘徊，那么我们就有机会走出困境，就有机会实现自己的理想。

只要遇到困难时，做到不慌不怕，冷静下来，根据实际情况认真想一想，总会找到解决的办法。

世上无难事，只怕有心人。阻碍随时会降临，我们要有随时应对阻碍的准备，一条路走通了又遇到了阻碍，不代表就是一条死路，而是看你有没有决心去突破僵局，开辟新的道路。

艾敏是长治机械厂一分厂107数控加工中心组组长。他个子高高的，长着一头微微的卷发，笑起来总是流露出一股男子汉特有的精气神儿。在数控岗位上，他搞革新、攻难关，完成了很多在别人眼中看似不可能做成的工作。

干过数控加工这一行的都知道，箱体、模具类产品的加工难度是最大的，即使是一些经验丰富的老员工，也对这一类工作望而生畏。

有一次，上面安排艾敏的班组做一项模具产品生产加工任务。这次的任务不但十万火急，而且产品的精度还难以控制，班组里的员工一看都不由自主地打起了退堂鼓。艾敏这个班组刚刚组建不久，里面还有很多新人，有人就建议艾敏向领导推掉这个工作，以免大伙完不成任务难堪。

艾敏并没有按照他们说的去做，虽然他也认为这个工作棘手，但还是欣然接受了任务。他对员工们说："我们不要僵化自己的思维，要善于打破自己思想上的僵局，把不可能当做可能去做，就能够拿下这项艰巨的任务。"

说归说，做归做。为了圆满地完成任务，艾敏一方面主动去向厂里优秀的技术人员请教经验，一方面参考了同类零件的加工方法，对工件的性能、结构与形状进行了深入研究。做好了这些工作后，他又对加工步骤逐一地进行了分解，从加工程序的编制,到工件的装夹定位,从加工刀具的选择,到进给速度的确定,反反复复进行了多次试验。最后,凭借着扎实的理论功底和丰富的实践经验,艾敏硬是带领班组啃下了这块"硬骨头"。到了产品交验合格的那天,连主管领导都对他刮目相看。

要么打破僵局,要么就停滞不前,艾敏很清楚这个道理。每一次在工作中遇到难题,他都不会轻言放弃,他总是以饱满的热情去迎接这些具有挑战性的工作。而这种积极的工作习惯,也让他和他的班组获得了快速的成长。

跨越阻碍也许需要你付出极大的努力和代价,但是这一切都是值得的,因为只要跨越了困难,我们就会步入成功的殿堂,在那里我们的汗水与痛苦,都将会被一一抚平,并且会沐浴到最明媚的阳光。

每个人在工作过程中总会遇到不同的阻碍,其中不乏难以逾越的障碍,需要我们去跨越。有的人面对现实退缩了,就此沉沦下去。有的人则勇敢地跨越了,就此步入了成功的殿堂。

还是那句话,如果遇到阻碍了你要么打破僵局,要么停滞不前。

5

内心的波动让你看不清障碍的真面目

消极、不良的情绪会蒙蔽你理智的双眼,让你的天赋智慧无法正常发挥。内心的波动犹如一个不平静的湖面,让倒映其中的所有景象都模糊不清。

工作就是在适应环境、克服各种障碍的过程中实现自己的价值。每一位员工,无论工作还是生活,都会遇到各种问题,这是再自然不过的事情。客观环境不会为你而改变,所有人都需要不断去适应,利用上天赋予他们的特殊本领为自己的生存而斗争。

生命之美正在于一刻也不停的奋争过程,与种种障碍斗争使生命得以展现它独有的品质和才华。人是万物的精灵,上天赐予了我们最有力的本领,这就是智慧。我们在工作和生活中,需要利用自己的各种智慧来战胜障碍,而每个人的品格和精神正是在此过程中得到提炼和升华。

每次看到动物世界栏目里,那些野生动物为生存而顽强争斗的情景,都会感动不已。它们没有如人类一样的智慧,但它们在各种生存挑战面前从没有半点怯懦,从不会自找苦恼。

迎接挑战是它们生命的一部分,是它们日常活动的一部分,在它们身上,你看不到半点悲观和消极,也不会有半点消极和懈怠。它们永远都准备好要去征服新的挑战,不管这挑战是什么,有多么难以逾越。

人类是智慧的化身,但人类却常利用自己的智慧为自己设置陷阱。可能每天都要为遇到的各种问题心烦不已,会提不起兴致,找不到半点快乐,深感生活每天都很压抑。

我们拥有比其他生命更强大的本领,但却不能像它们一样去正视挑战,不能平静地去面对每天都会有的种种问题,这就等于在浪费我们的天赋才智,因为内心的波动让你看不清眼前的障碍,消极、不良的情绪会蒙蔽你理智的双眼,让你的天赋智慧无法正常发挥。

陈池是一家钢铁公司的工程安装工。2009 年 7 月的一天,他受公司委派,前往四川为公司的一个客户安装瓦斯清洁机。

瓦斯清洁机是这家钢铁公司最新研发的一种技术,它可以有效消除瓦斯内的杂质,减少瓦斯燃烧时对引擎的腐蚀。在公司的多次内部试验中,这种机器都取得了非常好的效果。

然而,毕竟这项技术刚刚问世,所以陈池在抵达四川为客户进行安装调试时,碰到了很多预想不到的问题。经过他的持续努力,机器终于能够正常使用了,但其效果并没有公司当初保证的那么好。

对此,客户方面的负责人非常不满,他们从钢铁公司一次订购了大量这样的新机器,如果没有达到预期的效果,他们铁定会要求退货,没人愿意花一大笔钱去买那些一无是处的机器。

陈池明白,如果自己不能马上解决好这个问题,不仅公司会遭受经济损失,公司的声誉会被破坏,而且自己也将为此承担极大的代价。

想到这儿,陈池的情绪一下子就跌落到了谷底,懊悔、烦恼、焦虑、不安、郁闷等种种负面情绪一齐向他袭来,将他彻底地击垮。每天晚上他都不能安睡,一想起那些令人头痛的问题他就感觉进了地狱。

被各种负面情绪折磨不已的陈池始终找不到解决问题的办法,随着时间的流逝,他的情绪似乎也越变越糟。有一天,他突然醒悟过来,他意识到焦虑、不安、烦恼、忧心不仅不利于自己解决问题,还会让自己面对的状况更坏——内心的波动会让人看不清楚障碍,只会成为障碍的"俘虏"。于是他决定不再去想这些问题,开始专心地寻找解决问题的方法。

经过一段时间的专心研究之后,陈池终于找到了问题的解决方法,很快就将客户提出的问题全部解决掉了,并且顺利地执行了剩下的合同。而这件事情也让他明白:工作中一定要保持内心的平静,不要在困难面前变得畏难和烦躁,只有静下心来解决问题才是做好工作的最好方法。

陈池的故事告诉我们,当你决定坦然面对最坏的结果时,你会发现事情不过如此,之前的忧虑都是毫无必要的,事情远没有你想的那么坏。

工作中难免会遇到各种障碍,只有正视各种挑战,以平静的心态去面对任何障碍,你才能有效调动自己的天赋才智,顺利找出问题的解决办法。面对问题要平静,不良情绪只会蒙蔽你的双眼,让你不能集中注意力,不能有效利用理智。

6

把注意力集中在眼前可以做的事情上

在适当的条件和时机下做适当的事情,需要我们把注意力集中在眼前可以做到的事情上。

许多员工经常会以目前做不到为理由而放弃要做的事,这看似合情合理,实则不然。你可能会问,对于自己办不到的事情,除了放弃,还能有其他选择吗?

一时办不到,不代表永远都办不到。事实上,即使有些事真办不到,我们也可以做些事情来推动事情的进展,每个员工都有一个从不会到会的过程。

那些成功的员工,都不是从一开始就做出不凡业绩的,他们也有一个成长的过程,其不同于普通员工的地方在于,他们更懂得把注意力集中在眼前自己可以做到的事情上。

任何员工的成功都不是一帆风顺的,成功需要足够的资源,需要较高的才干,需要难得的机遇,需要他人的支持,但成功更需要我们矢志不移地朝目标迈进。

2005年,李祥走出了大学的校门,作为文学系高材生的他怀揣美好的憧憬来到了银川某供电局工作。上班的第一天,李祥就发现自己选错了单位——本想去做行政工作的他,却被紧急抽调进了电力维护班组。刚进班组的第一天,他就体会到了这份工作的难处。一看到保护屏里那些密密麻麻的二次接线,他顿时就感到一阵头晕,发现在学校里学的那些知识能派上用场的不多,一切都要从头学起。

陌生的环境,陌生的工作,让李祥处于前所未有的困境之中。每当看见班组里那些老员工熟练地工作,他心里就无比的着急,恨不得一口气学会所有电路知识。但他自己也知道,这个想法是不现实的,现在的他只能从一点一滴学起。因为,只有将注意力集中在眼前可以做好的事情上,才能够快速成长起来,只有成长起来后才能够放手去做,在工作中一展自己的抱负。

为了早日赶上同事们的水平,李祥白天到现场摸回路,熟悉设备,晚上回到宿舍认真翻阅技术书籍、了解回路接线。每一项工作他都做得勤勤恳恳,一丝不苟。然而,他的基础毕竟太差,所掌握的知识又很少,所以过了几个月,他还是没有什么太大长进。

努力学习却看不到一点成效,这让李祥有些心灰意冷,甚至萌生了不干的念头。有好几次,他经过火车站的时候,都有一走了之回家的冲动。但他最后终究没有这么做,因为他心里很清楚,如果过不去这个坎,他在哪里都不可能获得成功。

就这样,李祥尽管学得辛苦,但还是咬着牙坚持了下来,夜以继日地学习电路知识。半年之后,他的小册子里已经记满了各种实用的技术知识,而他的技术也比刚进班组那会儿有了很大的提高。从以前什么都不会的新员工,现在已经成长为了班组中的技术能手,凭借着自身扎实的技术,他被评选为班组里的“优秀新员工”。

回忆起刚刚参加工作时候的那段往事,总让李祥感触颇多,每逢想起这段经历,他都不禁要庆幸当年的坚持——如果那时知难而退,不做好眼前可以做好的事情,恐怕自己永远也难以获得成功。

无论每一步多么渺小,只要你能迈出这么一小步,你就已经更靠近你的梦想了,只要你坚持不懈地挪步,终有一天会有所成就。

做眼前可以做到的事,就是在不停地向前挪步。只要你所做的能推动事情的发展,你的这一步就是在朝目标靠近,你就会成为一名优秀的员工——不管你的资历如何,不管你的条件如何,每个员工都可以立足于他现有的水平,找到他能做而又能推动事情进展的事。

做每一件事情,无论它看上去多么微不足道,只要坚持下去,你会发现事情将朝你想的方向发展。

因为你所做的事情不仅有利于你外在目标的实现,而且你的内在能力也将在实干中得到提升,你正从不会向会转变,这需要一个过程,需要一段时间,但只要你愿意,这个过程将一直持续下去,有一天,你会惊喜地发现,自己已经可以办到以前办不到的事了。

海洋馆中,一只体重 8000 多公斤的鲸鱼正在表演节目。它不仅能在驯养师的指挥下做各种奇特的动作,而且竟能跃过距离水面 6 米多高的一根绳子,观众为这个体型庞大的家伙啧啧称奇。

鲸鱼拖着如此笨重的身体是如何跃过那高度的?驯养师为我们给出了答案。

原来,驯养师起初只在水面下设置了一根绳索,每当鲸鱼从绳子上方游过去时,会得到驯养师手中的食物作为奖赏。

在以后的日子里,驯养师每次都将绳子的高度提高一点,由于察觉不到高度的变化,鲸鱼也就没有了畏惧心理,而且每次升高的高度都微乎其微,鲸鱼总能顺利地跃过这个高度,随着时间的增加,鲸鱼竟能顺利跃过高达 6 米多的绳子了。

驯养师的做法很聪明,如果一开始就设置一个较高的高度,几次尝试失败后,鲸鱼肯定会灰心丧气,自信遭到打击的鲸鱼恐怕再也不愿尝试了——从眼前的高度开始起跳,总有一天会到达一个令人惊诧的高度。

如果我们将注意力集中在眼前可以做到的工作上,既可以在不断的小成功中增加信心,克服困难,又可以一点点提高自己的素质,经过长时间的积累,就能顺利实现既定目标。

如果我们一直紧盯着那个一时还办不到的工作,随之而来的肯定是畏惧和不自信,因而选择放弃就成了自然而然的事情。如果成功的员工在工作的开端都这么想,那么他们也会打退堂鼓,因为他们成功的条件都是在具体做事的过程中一点点获取的。

循序渐进是一种非常智慧的工作策略,其实,将注意力集中在眼前可以做到的工作上,就是一种循序渐进的过程。这就好比那个笨拙的鲸鱼一样,一下让它跃过 6 米多高的绳子显然超出了它的能力,但每次仅增加一点点,逐步激发它的潜能,实现这个目标就不再只是幻想了。

把注意力集中在眼前能做到的工作上,可以引导我们在适当的条件和时机下做适当的工作,这样,才不会因一时无法办到而草率放弃目标,也不会因过早尝试那些难以办到的事情而备受打击,更不会在悲观和失望中蹉跎。

记住,把注意力集中在眼前可以做到的事情上,就是在为更大的挑战做准备,在不断的小成就中积累信心和能力,目标就会在小步快进中越来越近。

7

控制能控制的,放下不能控制的

放下你不能控制的因素,才能将全部的精力集中在自己能控制的因素上,并且竭尽全力把自己能控制的事情做好。

人生不如意之事十有八九,对于我们正在做的工作而言也是如此。我们希望自己手头的工作能顺利进行,希望计划能按部就班地落实,希望目标能一点点实现,但事情却总不遂人意,于是我们忍不住感叹命途多舛,感叹自己时运不济,羡慕别人功成名就,仿佛老天故意跟自己过不去。

我们需要智慧地去面对自己的工作,否则就只能徒增烦恼。在我们实际做事的过程中,需要区分哪些因素是自己能控制的,哪些因素则是自己不能控制的,并区别对待这两种不同情况,这就叫尽人事以听天命。

许多员工常常不能区分这两种情况,他们经常为自己控制不了的因素而伤神。这大可不必,因为你只能顺应这些因素,平静地接受这一切,暗自嗟叹或怨天尤人只会让你更脆弱,更经不起风浪。

“怨天尤人”这句成语出自《论语·宪问》:“不怨天,不尤人,下学而上达,知我者其天乎!”孔子一生周游列国,企图说服诸侯采纳自己的政治主张,但均遭拒绝,一生颠沛流离,无所成就,于是在与学生的对话中发出了这样的感慨。

孔子虽然没能实现自己的伟大抱负,但他仍能坦然接受这一切,并且像以前一样对学问孜孜以求,努力教授自己的学生,而他的思想也终于塑造了整个华夏民族。

孔子所生活的春秋战国是一个礼崩乐坏的时代,诸侯兼并战争频发,各诸侯国的指导思想是强兵、竞争,没有安定的社会环境来实施孔子的主张,这就决定了孔子不可能得到重用,但孔子并没有放弃自己的努力,他相信自己的思想是正确的,并且不遗余力地通过教育的方式来宣传他的学说。

最终,他控制了自己能控制的事情,放下了自己不能控制的事,这也是他能如此深远地影响中华民族的重要原因。

放下你不能控制的因素,意味着不再为自己不能改变的事情空发牢骚,意味着平静地接受它们,顺应情势,意味着不再为这些因素而折磨自己。

此外,放下你不能控制的因素,才能将全部的精力集中在自己能控制的因素上,并且竭尽全力把自己能控制的事情做好。唯有如此,才能在外部条件发生改变时成功抓住机会,“机会都是留给有准备的人”正是从这个意义上说的。

胡海涛是金辉机械制造厂的一名员工,他刚来到这家企业没多久,还只是个新人而已。才上班没几天,胡海涛就发现一件事——班组里的同事们工作积极性普遍不高,大家每天来上班似乎就是为了混日子,没有一点工作的热情。

虽然对此感到很奇怪,但是胡海涛并没怎么在意,他一直地卖力工作,不受班组气氛的影响。后来待的时间长了,有位和他关系比较好的员工和他讲出了其中的原因。原来,胡海涛所在班组的班长是个心机很重的人,他害怕班组中有人做得好取代自己的位置,所以一直在工作中打击大家的积极性。即使下属员工工作再出色,他也不去鼓励,反倒是经常在外面说员工的坏话。卖力工作却难得好,久而久之大家的心气就没了,开始敷衍应付自己的工作。说完这些,那位员工还不忘劝胡海涛,告诉他不要卖力地工作,只要那个班组长不走人,别人干得再好也出不了头。

听了同事的一番话,胡海涛恍然大悟,终于知道为什么大家都对工作不那么上心。但是,仔细权衡之后,胡海涛却没有接受同事的建议,他还是任劳任怨地工作着。很多人在背后都说他是傻子,明知道不可能被提拔重用还那么卖力工作。对于这些流言,胡海涛并没放在心上,他知道班组长的好坏是自己无法掌控的,自己可以掌控的只有努力工作,如果工作不努力就永无出头之日。

胡海涛在这家企业兢兢业业地做了两年多时间,终于迎来了晋升的契机。一次车间的业务考核中,胡海涛的班组长因为所带小组业绩太差而被罢免职务,一向在班组中表现出色的胡海涛接替了他的位置。多年的努力没有白费,一心扑在工作上的"傻子",现在已经走上了基层管理者的岗位。

胡海涛的成功在于控制了自己力所能及的事情,没有因为不能控制的事情而分心,这样他就可以把全部精力都用在工作上,由此在岗位上创造出了优异的成绩。

每一名想要成就卓越的员工,都应该区分哪些因素是自己能控制的,哪些则不能,然后竭尽所能将能控制的事情做好,并在内心放下那些自己无能为力的,你就能以正确的态度来面对你所遭遇的一切。以此标准来行动,你就能做出最好的判断,用实际行动赢得工作上的主动。

所以,每一名员工都应该明白:命运的舵盘永远掌控在自己手里,你所能做的就是紧紧抓住每一次机会,做好自己的工作,总有一天会赢得成功的垂青。

8

1%的机会,100%的努力

上天不会连1%的机会都吝啬地不愿赐给,每个人都至少能得到那1%的机会,而有所成就者都是为此付出了100%的努力才收获了属于自己的那份成功。

成功的员工即使面对1%的机会也愿意拼尽全力,付出100%的努力。而那些一无所成的员工,即便有50%的机会,他们也不愿竭尽全力,等到失败了,他们要么为自己找借口,说自己没有尽全力,要么就怨天尤人,把失败的原因都归咎于外部条件或者他人。

上天不会连1%的机会都吝啬地不愿赐给,每个人都至少能得到那1%的机会,而有所成就者都是为此付出了100%的努力才收获了属于自己的那份成功。

青少年时的他在别人眼里是个典型的浪荡子,高中时逃课、飙车、离家出走、在游乐场所鬼混,样样他都没落下,高中一毕业便进入"社会大学"修习,搬运工、水泥工、货车司机,所有低下的工作他几乎都做过。

21岁后他开始合伙跟人做生意,但无论什么生意都没有撑过半年。后来,他进入一家公司售卖韩国现代汽车,但仍然不改往日的种种生活恶习,日夜颠倒,经常上班迟到。

某一天,他手中的汽车丢了,就在同一天晚上,兼职创业的他又被合伙人骗走了100多万新台币。要知道那可是他的全部家当,他的心情沮丧至极,几年的跌跌撞撞让他在此刻幡然醒悟:生活不能再这么荒唐下去了。

可正当他下定决心痛改前非时,回头审视自身,他发现自己当前的处境惨不忍睹:只有高中学历,没有富有的家室,现代汽车在台湾的顾客满意率排名倒数第二,销量倒数第一。

他所在的销售公司连年亏损,他所在的营业部又位于台南县一个人口不到6万的小镇。在任何人看来,他手中的有利资源都少得可怜,他几乎没有翻身机会。

但他没有对人生绝望,他坚信上天不会连1%的机会都不给一个人。他决心在这个别人看来是绝境的地方待下去,抓住这1%的机会。

在他眼中,这1%的机会在哪儿呢?自己销售的品牌不够强势,但他却认为:好卖的车卖的人也多,而不好卖的车竞争就没那么激烈,自己的机会就更多。

在别人看来,现代汽车品质不够好,换配件不方便。但在他看来,现代汽车有法拉利设计师设计的流线型线条,有强劲可靠的奔驰发动机。在别人看来,买现代汽车的人很少,但在他看来,客户少意味着每位现代用户享受到的服务更好。

不仅如此,他还信奉乔·吉拉德的“250定律”,即满意的顾客会影响250人,抱怨的顾客也会影响250人。他用真心诚意对待每一位客户,面对拒绝,他从来都以微笑回应,并且他感谢每一位谢绝过他的客户,坚持不懈地拜访客户。在他从一而终的真心感召下,许多客户都成了他的铁杆“推销员”,为他介绍了一个又一个客户。

2005年,他竟然卖出了205辆汽车,平均每1.8天一辆,创下了台湾当时最高的销售纪录。而那一年,他的收入也超过了500万新台币。

这个人就是台湾王牌销售员林文贵,他也是2007年《商业周刊》“超级业务员大奖”的金奖得主。在评委们给他的评语中写道:“他就像生长在峭壁上的花朵,没有土也没有水,它却能顶着肆意的狂风在岩石的细缝中怒放。”

林文贵和其他许多在困境中成功的员工一样,他们的故事揭示了一个亘古不变的道理,那就是无论你目前身处何种境遇,你都有至少1%的机会,虽然成功的概率不大,但只要你竭尽所能。

保持乐观,始终相信自己有成功的可能,那就等于在心中种下了希望的种子,一番辛勤耕耘后,它终将给你超出预料的回报。

当一个看似不起眼的机会出现在我们面前时,如果因为觉得希望渺茫而忽视,就很可能与成功失之交臂,抱憾终身。如果能够果断出手,将这小小的机会把握住,并为之付出百倍千倍的努力,也许就能把机会转化为成功。

“没有什么是不能做到的事,只要有1%的机会就应该付出100%的努力,如果做不到只因为自己不努力。”这是,北辰家用电器公司的张文钊经常挂在嘴边的一句话。

其实这句话并不是他最先说起的,而是他从员工王铭那里学来的。王铭是个刚刚毕业不久的大学生,有理想,有干劲,从来不把工作中的困难当回事。以前张文钊总是对这句话不以为然,他觉得是因为王铭还年轻,没有多少工作经验,所以才大言不惭地说出这种话。但是,在一件事情发生后,张文钊也转变了想法,开始对这句话深信不疑。

北辰家用电器公司曾生产过一批电风扇,这款电风扇的特点是节能、环保,外型也比较美观,所以在市场上一度销量火爆。可是没过多久,公司就接到了多起投诉,说这款电风扇使用久了噪音会很大,严重影响人的休息。

为了尽早解决这些问题,更多地销售这款产品,公司派张文钊带几个技术员解决这个问题。张文钊工作经验丰富,很快就找到了其中的问题。原来,这批电风扇主要的零部件都是来自国产,质量一般,长期使用后会出现老化摩擦现象,所以才出现这种噪音大的问题。按理说只要更换进口的零件就能解决问题,但这样一来生产成本又会大大提高,所以张文钊也感到无可奈何,决定向上级如实汇报这些情况。

正当张文钊要找领导汇报的时候,王铭突然找到了他,表示使用一些别的方法可以解决这种噪音大的状况。原来,他在学校读书时曾经看过一篇国外的文章,里面介绍用一种价格低廉的替代零件可以有效减少电风扇运行时制造的摩擦,这样一来就能够延长使用寿命,最终起到控制噪音的目的。王铭请求张文钊试一试,张文钊起初不同意,但在他软磨硬泡下答应了这个请求,不过只给了他很短的时间。

王铭得到许可后,立刻着手去寻找那种替代零件,然后进行实际的测试。经过反复的试验发现,这种新型替代零件果然磨损情况要小于之前的那种国产零件。张文钊看到这里,才终于意识到自己错了,王铭身上那种决不放弃,勇往直前的精神正是他所缺少的。

抓住了1%的机会,并为此付出100%的努力,让王铭得以战胜了障碍,收获了成功。这个故事说明,成功是自己争取而来的,如果当初王铭也和张文钊一样因为成功的希望渺茫而放弃,那么就会被工作中的障碍所绊倒。

世界上并没有百分之百成功的概率,在开始一项工作之前,我们谁都无法预料出结局。而正是由于成功的不可预料性,所以要求我们务必珍惜每个机会,不要轻言放弃,只有这样才有机会触及成功。

9 相信自己,一切皆有可能超越

自信是每个人的力量之源,相信自己的人能从内心深处汲取源源不断的强大力量。

洛克菲勒说过,自信是成功之父。此话一点不假,因为自信是每个人的力量之源,一个相信自己的人就能从内心深处汲取源源不断的强大力量。

成功的道路上充满了崎岖和坎坷,而每一名员工心中的梦想都需要自己去实现。我们可以获取他人的帮助,我们也可能走好运,但这都不足以帮我们实现所愿。

我们唯一能够依靠的是自己,只有自己的努力和拼搏才能击碎任何前进路上的顽石,才能带我们爬上艰险的顶峰。而一个连自己都不相信的人,他又靠什么来达成所愿呢?

赵濯离开陕西电力公司已经有十多年时间了,但当年发生过的事情还历历在目。每当他想起那段不堪回首的往事,都不

禁要唉声叹气一番,后悔当初那不自信的决定。

1997年,23岁的赵濯怀着梦想,怀着对未来美好的期望走出了大学的校门,一脚迈进了社会的大熔炉。那时的赵濯胸怀大志,意气风发,下定决心要闯出一番名堂来。

因为在大学里学的专业是电力工程学,所以赵濯处处留心这样的工作,经过几番周转,他终于来到陕西电力公司,成为了一名光荣的电力工人。

刚来厂里的时候,赵濯被安排到了生产车间,跟着师傅老黄搞电气工程设计。当时的大学生还比较少,在他的车间里一共也没有几个,所以大家十分尊敬他,领导也对他有着很高的期望。

对于这个工作赵濯本来很有信心,因为他在学校里就是品学兼优的学生,看过很多电气工程方面的书,还就此写过几篇论文。可是第一次实际接触这份工作,赵濯才发现并没有自己想象的那么简单。想要做好这份工作,不但需要丰富的理论知识,还要有长年积累的经验。赵濯在书本上学的那些知识,因为没有经验的配合,完全成了纸上谈兵。虽然师傅老黄一直耐心地对他进行指导,但赵濯还是觉得这工作越来越难做。

工作上不出彩,反倒成为拖累团队的落后分子,这也引得一些同事对赵濯议论纷纷。本来就已经不怎么自信的赵濯,听到了这样的话,信心更是降到了冰点。他在工作中开始变得不那么积极,也少了刻苦钻研的劲头,一天到晚过得浑浑噩噩。

时光如梭,转眼赵濯上班已经有一年的时间了。按理说,他在这一年中应该获得了显著的进步,但可惜的是,赵濯和一年前并没有什么太大的转变。因为缺少了成功的信心,赵濯变得意志消沉,再也找不回当年的意气风发。

没过多久,不堪工作重负的赵濯向上级递交了辞职信,离开了这家公司。自那以后,他又先后辗转几家企业,但每次都因为相同的原因而选择离开。现在赵濯已经30多岁了,除了比十多年前多了些皱纹和白发,再也没有什么收获。

自信如同一把钥匙,它能打开潜藏在我们身上的无限潜能,因为自信的人敢于尝试,勇于坚持,而潜能正是在这种锲而不舍地尝试中得到发掘和锻炼。而最重要的是自信能帮我们超越自己,只有相信自己远比自己目前的状态更强大，我们才能突破自我，跳出自我设限的陷阱，去摘取那挂在树顶的果实。

相信自己，一切就皆有可能超越。自信将引导你突破自我，而一旦你超越了自己，你将发现困难不再是自己的拦路虎，你已经有足够的能力和力量去突破它。

陈秋平是一家炼钢厂的职工，在2002年他被查出患了癌症，从那以后他经历了多次化疗手术，面临过数次死亡威胁。

陈秋平热爱运动，他首次接触到的体育项目是游泳，后来又爱上了自行车运动。在他患病以后，无论他从事何种运动，妻子都始终陪伴在身旁，她既是他的司机、裁缝，又是他的护士和伙伴。

妻子总跟陈秋平说的一句话是："当你想放弃的时候，你就再向前走一步，咬紧牙关挺过来。"妻子的爱和鼓励给了他巨大的精神力量。

2005年，陈秋平的病情一度恶化，甚至医生都认为没救了，但是凭借着惊人的毅力，他愣是从死神手中逃了出来。并且在那之后，他的身体奇迹般的又获得了活力。出院后不久，他就能重新登上自己心爱的自行车，驰骋在城市乡间的路上。

又经过了一年的调养，陈秋平身体已经恢复大半。和家人商量后，他又重新回到了热爱的岗位上，这在很多工友看来都是一个惊人的奇迹。

现在，距离陈秋平首次被查出患上癌症已有8年多了，他不仅没有被死神夺去生命，还在工作中做得越来越出色，取得了连健康的人都难以企及的工作成绩。

在一次次的突破中，陈秋平知道，他是在一次次打破自我，一次次超越自我。伴随每一次突破而来的是，他赢得了对自我的信心，他突破了对癌症的恐惧和屈服，他在人生的绝境中抬起了头颅，并看到了远方的曙光。

相信自己，一切皆有可能超越。只要你的内心足够强大，就能获得无限的力量，而这份力量，将会成为你创造奇迹的源泉。

10

放手去做，从高效会议开始

我们都知道运动员在赛场上能放手发挥，是因为在赛前与赛后都经过了刻苦和严格的训练，而作为员工，在工作中参与高效会议，也是必不可少的准备环节。

我们知道，放手去做的前提是方向正确，只有在正确领会上级布置的工作意图之后，才能够在工作中做出最好的自己，将自己的能力最大限度发挥出来。

上级领导对下属传达工作方针的方式有很多，其中开会是最常见的方式。所以员工应该认真对待会议，并且以积极参与的主动态度，不断提高会议的效率，在会议中做到认真领会，解决问题和统一行动。这样员工才能避免在具体工作上出现南辕北辙的状况。

阿玲是一家成衣厂的流水线班组长，虽然文化程度不高，但是工作很努力。最近公司各种会议较多，阿玲很抱怨，这耽误下来的时间可以让她做出不少件衣服了。她一直觉得公司的会议和她没什么直接关系，但为此延误的时间却让她心疼不已。原来阿玲所在的公司正在做产品调整，从原来的男装调整为销售势头强劲的女装。而在会议中漫不经心的阿玲，没有注意到自己班组的生产工序和产品要求的调整。

由于她的失误，她的生产小组给工厂造成了数万元的经济损失。虽然阿玲在工作中是兢兢业业的，但是公司领导觉得，她无视上级领导对工作做出指令的态度是很严重的问题，最后阿玲被工厂辞退了。

员工对会议抱持什么样的态度，会直接影响会议的效用，没有效率的会议是浪费时间和精力的。部门中的会议是直接与员工的工作紧密相连的，对员工的工作而言，它有明显的指向性。如果不能确定自己的工作方向,更谈不到如何去做。

员工在本部门中参加会议的宗旨是:在面对面沟通的基础上,领会上级领导的工作指示,了解员工工作现状,以及快速有效地解决工作中出现的问题。不难看出,对于一般员工来讲,它是一次上级和下属间沟通的良机,也是进一步检验自己工作方向是否有偏差的途径。这类会议的性质决定了它无可替代的重要性,员工该如何去准备和参加这样的会议才算高效的呢?

(1)做好会议前准备。员工只有摆正对会议的态度,才不会觉得会议这件事是和自己无关的。

有些专业性较强的会议,员工会在会前收到会议的议题和摘要,会前仔细阅读这些文件,并且针对这些文件的主题,整理好自己的思路。如果没有会前提要,那也应该为自己在工作中出现的问题写出书面的文字材料,以便在会议中提出,并且利用会议中各部门人员集中的特点,提前做好和其他部门通气或者协调的工作。

(2)做好会议记录。有些会议是有专门的会议记录人员的,但员工还是应该做些记录,会议记录员很有可能不是专业工作人员,所以对会议中各专业的问题的记录会有不详尽或者不正确的情况。

(3)在会议中提出自己的问题。员工参加会议的目的,除了了解上级领导的指示以外,更应该将自己工作中的问题提出来,如果能够现场解决和落实,这无疑是最快速提高自己工作效率的捷径。

(4)会后要有总结。员工在会议进行中间,也许对会议的主题理解并不到位,会后应该依据自己的会议记录来总结出会议的纲要,准确把握上级的指令并且做到在工作中统一。

一次高效的工作会议,它对员工在工作上的指导和答疑解惑作用也是高效的,它能纠正我们在工作中的偏颇更能在部门内部各单位间起到协调和沟通作用。更重要的是,一个有主人翁意识的员工,应该主动做会前会后的准备和总结工作,充分的会议准备可以缩短会议时间,减少会议成本,会后的总结也可以提高会议的效率,真正让会议具有价值和意义。

所以一名优秀的员工真正能放手去做之前,是要有一个储备能量和创造条件的过程的,我们都知道运动员在赛场上能放手发挥,是因为在赛前与赛后都经过了刻苦和严格的训练,而作为员工,在工作中参与高效会议,也是必不可少的准备环节。

第四章　坚持做：成功就是挺过一个个难关

人的一生，离不开工作。

如果说人生就是一场马拉松，那么工作也无疑是另外的一场马拉松。所以，我们在工作中就应该有马拉松运动员的精神，坚持下去，坚持做到最后。

1

成功就是挺过一个个难关

不学会忍耐和坚持,就无法挺过一个个难关,自然看不到成功的曙光。

所谓难关,指的就是前进道路上的那些阻碍,它们会拖慢我们工作的进度,甚至让我们偏离正常的工作轨道,让我们的工作业绩越来越差。

每一名员工成长的道路上都矗立有一道道难关,这些难关,既是阻碍,也是挑战。每当你跨越一道难关,就能收获一份勇气和信心,多一份能力和经验。从这个角度来说,难关其实是通往成功之路的台阶。

难关之所以被称为难关,正在于它们没有那么容易逾越,这也是为什么企业中成功的员工总是少数。要想到达自己的目的地,就必须鼓起勇气,并且学会忍耐和坚持。很多时候,当我们经受难关的考验时,只要自己能咬牙坚持,就能顺利通过考验。失败者之所以失败,就在于他们在最艰难的时刻放弃了,于是便前功尽弃。

面对难关,不同的员工会有不同的选择。看看你身边的那些人吧,有人害怕难关,遇到困难就退缩,所以始终默默无闻。有人则兼具勇气和信心,遇到再大的困难他们也能始终坚持去做,而这些人最后往往都获得了成功。

以什么态度去面对难关,全在于你的一念之间,也影响着你今后的个人发展。

张学礼现在是一家汽车修理厂的优秀技师,他坎坷波折的经历向我们展示了一名优秀员工是如何在难关中打磨出来的。

张学礼在学校的时候没有好好读书,又没有一技之长,所以毕业后找工作成了大难题。很长一段时间以来,他都在四处打零工,过着奔波忙碌的生活。后来,在父亲的帮助下,他才在一家汽车修理厂找到了一份工作。

刚来这家公司的时候,张学礼什么都不会,每天忙前跑后地打杂,给老师傅做学徒。因为人比较笨,所以他在工作中没少挨骂,工资也少得可怜。

学徒工的日子是辛苦的,和张学礼一起入厂的几个同事,没到半年都走光了。可是,就是在这么艰苦的环境下,张学礼还是咬着牙关坚持了下来。他知道自己没什么本事,如果不努力学习,去哪里都找不到好工作,所以他下定决心要在这里学好修车的技术。

就这样,张学礼在厂子里坚持干了下来。他人虽然笨,但好在有着惊人的毅力,师傅教一遍不会,他就私底下看着师傅是怎么做的,然后有不懂的地方再去问师傅。正如俗话所说:“勤能补拙!”张学礼这份工作的认真劲儿让他在这边学到了不少东西。

转眼间,张学礼在这家公司已经做了两年多,师傅看他手艺学得差不多了,就让他帮忙一起修车。有一次一个客户送来一辆车,这车发动机怠速状态下就发抖,就像是快要死的鸭子一样,想熄火都熄不掉。厂里的几个修理工都看过了,对此是一筹莫展。最后有人把张学礼找来了,起初他也找不到毛病在哪,后来他将车整体检测了一下,终于发现是油泵调速器出了问题。

当客户从修理厂取出修好的汽车时,不由得连声称赞,说这车找了好几家修理厂都修不好,还是你们的修理工厉害!听了这话,张学礼心里美滋滋的,他觉得这两年的努力终于没有白费。在跨越重重难关后,现在他已是一名优秀的汽车修理工了。

张学礼在工作中曾经处处碰壁,面临难以想象的困境,但即便如此,他也从来没有放弃过努力。虽然不够聪明,但他靠着坚持不懈地努力,终于战胜了前进道路上的难关,在自己的岗位上获得了成功。

林肯有句名言叫做——“人总不能在天鹅绒上磨砺剃刀!”难关是命运对你的一次考验,挑战难关,并且战胜难关,才能变得更加坚强,更加锐意进取。优秀员工身上都有一种宝贵的品质,那就是不怕艰难,越挫越勇。

成功,说白了就是挺过一个个难关!每一道难关都是为了考验你,提升你而安排的。经不起这种考验的,就因此失去了成功的资格和条件。

2

忍受是一种力量,挺住是一种素质

忍受孤独是成功者的必经之路,忍受失败是重新振作的力量源泉,忍受屈辱是成就大业的必然前提。

在通往优秀员工的道路上,每个员工都要经历艰难与坎坷,这是获得成功必须要逾越的难关。

战胜这些难关需要漫长的过程,很多员工就在过程中放弃了。因为看不到发展的方向,不知道多久才能从企业中脱颖而出,所以他们产生了迷茫,意志不坚定者更是选择了逃避。

忍受是一种力量,挺住是一种素质。优秀员工的成长之路上,充满了孤独、失败,屈辱、伤痛,我们只有学会忍受,坚强地挺住,才能在成功的道路上越走越远,抵达最终的梦想之地。

学会忍受,你就找到了一种强大的力量,懂得挺住,你就已经具备了成功的素质,它们将支撑你跨过幽暗的隧道,渡过一个个难关,让你看到前方的希望之光。

吴玥玥是东北一家工厂的员工,刚来这家企业的时候,她被分配到了车间里工作。在车间里,她是唯一的女性,这也让她时

常感到孤单。因为害羞内向,吴玥玥很少主动和别人交流,工作中遇到不懂的地方也默不吭声,所以她的水平一直都没什么提高。

有一次车间里开会,领导在做工作总结的时候点名批评了吴玥玥,说她工作主动性太差,如果不想做可以早点走人。领导的话深深刺激了吴玥玥,这个年轻的女孩子在会后偷偷掉下了眼泪。但是,仔细想过之后,她发现领导的话虽然严厉,但是很有道理,自己在工作中确实做得还不够,于是她下定决心要改变自己。

那次会议之后,吴玥玥就像变了一个人似的,她不仅积极活跃于各个工段,还经常主动向老员工请教工作心得。同事们欣喜于吴玥玥的转变,都很热心地帮助她解答疑难。在同事们的大力帮助下,这个一直懵懵懂懂的小姑娘很快就熟练掌握了药品的生产流程。她开过工段上的所有阀门,备过料,抽过料,能够自己操作离心机,卸过双锥,离心机,包装过车间的产品……在不懈的努力下,她终于战胜了困难,成长为一名经验丰富的工人,而她在工作中的表现也得到了大家的一致认可。

没过多久,因为工作上的突出表现,吴玥玥被调入了中控工作。新的岗位有宽敞明亮的工作环境,但随之而来也有很多新的烦恼。以前吴玥玥从来没有做过质检员,所以经验严重匮乏,这也导致她刚来就连着犯下了几个不大不小的错误,甚至还因此和从前的好同事闹了些矛盾。

新岗位的不如意一度让吴玥玥感到心灰意冷,她甚至曾经找过领导要求调换工作。领导并没有同意她的要求,只是语重心长地对她说:"做什么工作都会遇到困难,如果不咬牙挺住就什么都做不好。"听了领导的一席话,吴玥玥深受启发——如果遇到这么点困难就打退堂鼓,那之前的努力不是都白费了?念及此处,吴玥玥重新抖擞了精神,再一次积极投入到工作之中。

经验不足,能力不够,她就抓紧每一分每一秒来学习。在质检的工作中,遇到不明白的地方就去查资料,试着自己解决,实在不行就去找老质检员求教。日复一日,月复一月,吴玥玥的业务水平大有长进,渐渐得到了大家的认可。以前和她闹过矛盾的那些员工,后来也都承认了她的能力,并且主动找她和解。来到中控一年后,吴玥玥成功竞选为中控的班组长,在个人事业上又向前迈进了一步。

忍受痛苦,挺过难关,是每一名成功员工的必经之路。在工作中我们会遇到各种各样不如意的事情,如果被这些事情困扰,那么只会放慢前进的步伐。对待难关正确的态度是学会忍受,并且坚强地挺住,只有这样才能获得勇气和力量,一直向着成功走下去。

难关处处有,难关何其多!在难关面前,逃避不是最好的选择,这会让你失去成功的机会。坚持去做,不管是否有成效,也不管会不会因此而遭受煎熬,这才是保证你希望之灯不灭的唯一办法。

3

最大的干扰,来自不够坚定的内心

只要内心足够坚定,外界的种种干扰就不再具有惊人的破坏力。

信念是一种伟大的力量,说它伟大是因为它可以激发人无限的潜力。那些在企业中获得成功的员工,大多都经历过无数次难关的考验,而强大的信念正是支撑他们战胜难关的动力。

在追求成功的路上,许多员工所面临的最大困扰是内心没有坚定的信念。有的员工也许会说:"我已经尝试过了,但不幸失败了。"事实上,他们并没有搞懂一个道理——凡事只要坚持去做,只要渡过一个个难关就能获得成功。许多员工之所以没有抓住唾手可得的成功,正是因为内心不够坚定。

只有坚定信念,才能战胜难关。也只有坚定信念,理想才会实现。有句

歌词唱得好“没有人能随随便便成功”。每名员工在工作中都难免会遭遇到挫折和不幸,面对这些难关,要做的不是自暴自弃,而是去勇敢地面对。

莱阳市盐业公司44岁的女职工王悦玲,用了4年的时间唤醒了身为植物人的丈夫,不仅如此,她的丈夫甚至还奇迹般地站了起来。

2000年5月6日早上,王安书在上班途中遭遇车祸,虽然经过抢救生命得以挽救,但却成为了不会说话、没有感情的植物人。当时有很多人都建议王悦玲放弃治疗,毕竟植物人是当今时代难以攻克的绝症,患者康复率极低。但是,王悦玲并没有接受他们的建议,她之所以坚持只是因为医生的一句话:“植物人也有可能康复,不过这要看病人的生存意志有多强烈。”

只为了这一句话,王悦玲决定让丈夫继续接受治疗,她更要以坚定的内心来帮助自己的丈夫,让他燃起强烈的生存意志。在丈夫卧床期间,为了防止他肌肉萎缩,王悦玲学会了中医按摩法,每天坚持给他推拿。闲暇的时候,她还会给丈夫放他最喜欢听的音乐,读他爱看的体育新闻,希望此举能唤醒沉睡的丈夫。在这些苦难的日子里,无论遇到何种困难,王悦玲的内心都没有产生过动摇,她唯一的目的就是让丈夫完全康复。

也许是王悦玲的执著感染了病中的丈夫,在王安书被诊断为植物人四个月后的一天,王悦玲突然发现丈夫对她微微一笑。尽管这个动作十分细微,但还是被王悦玲发现了,当时她难以抑制心中的喜悦,趴在他身上流出了激动的泪水。

9个月后,王悦玲丈夫的病情有了不小好转,虽然他说话还不是很清楚,智力也仅相当于是几岁的小孩子,但这比躺在床上不会哭不会笑已经强了很多。不过王悦玲并没有知足,她坚信只要自己再继续坚持下去,就能让丈夫真正康复起来。于是,她每天像教小孩子一样教丈夫说话,给他讲故事。为了让丈夫早日行走,她还在室内的墙壁上安装了铝合金的扶手,搀扶着他一步步蹒跚而行。

又过了几年,王安书已经从一个毫无意识、终日卧床不起的植物人变成了能讲话和拄着拐杖行走的人。谈到妻子,王安书总是泪流满面,他说:“我能有今天离不开妻子的帮助,在我昏昏迷迷的那段日子里,总觉得有个声音在呼唤我,叫我不要轻言放弃。因为这个声音的鼓舞,我才得以慢慢康复起来。”对此,王悦玲则坚毅地说:“是坚定的内心,也是对康复强大的信念,让我丈夫身上出现了奇迹。”

坚定的内心,能够让一个植物人摆脱浑浑噩噩的意识,创造出生命的奇迹。看完这个故事,相信很多人都会深有感触,其实很多时候我们最大的干扰都来自不够坚定的内心,它们才是创造奇迹的最大敌人,只要内心不产生波动,一切皆有可能。

工作中最大的干扰,往往都来自不够坚定的信念。员工只要时刻怀有一种信念,有所追求,什么艰苦都能忍受,什么环境也都能适应。每一个成功故事的背后都包含着许多的艰辛和苦涩,想要实现理想,就看在困难面前有没有坚定的信念。

信念是一种坚定的价值观,其所产生的力量可以支撑一个人战胜前进道路上的一切艰难险阻。有着坚定信念的员工不一定会马上成功,但却会不断地向成功迈进。而没有坚定信念的员工,则会与成功渐行渐远。

天下事有难易乎?为之,则难者亦易矣;不为,则易者亦难矣。成功需要坚定的信念,只有坚信自己会成功,那么内心才会朝着内心的方向努力,从而实现目标,在工作中创造奇迹!

4 决不放弃:我相信我能

相信你能,你就无所不能。

《士兵突击》里的许三多总爱说一句话:“不抛弃,不放弃。”简单的六

个字,却因其中蕴含的“不放弃的决心”而给人留下了深刻的印象。

为什么要决不放弃?因为只有不放弃才会一直怀有希望,也只有不放弃才能拥有战胜困难的强大能量。

看看我们身边也许你就会发现,那些失败的员工往往都严重缺乏自信,一些小小的障碍就能让他们失落消沉。反观优秀的员工,无论如何他们都不会丢掉自信——因为他们深知,强大的自信是取得成功所必备的精神武器。

决不放弃,看似只是一句口号,但当你真的这么去做了的时候,就会发现眼前的一切困难都显得那么渺小,而就在之前不久它们还是横亘在你面前的一座大山。不抛弃,不放弃,时刻怀有强大的自信,会让你拥有无穷无尽的能量,助你一路跨越障碍,超越自我。

也许你在工作中遇到了难以解决的问题,决不放弃会让你重燃斗志,对难题再度宣战;也许你一次次遭遇挫折,决不放弃会让你摆脱阴影,越挫越勇;也许你对工作开始感到迷茫,决不放弃会让你重新找到前进的方向,向着成功大踏步迈进。总之,有了决不放弃的信念,你就无往而不利。

杜文军今年34岁,中等的个头,有些微微发福,看上去很是和蔼可亲。如果不熟悉他的人,一定想不出这个看似普通的钢铁工人竟然是省级劳动模范。

因为不喜欢读书,杜文军没有考上高中,技校毕业后就来到了太原一家钢铁公司工作。初来乍到,他对工厂里的一切都感到好奇,可是不久之后,车间里炎热的高温和艰苦的工作就让这种好奇与喜悦感一起烟消云散。

工作的艰辛,曾经让杜文军打过退堂鼓,他一度想回家自己做小生意,享受清闲的生活。但是,与生俱来那种不服输、不轻言放弃的性格让他很快打消了这种想法。为了早日成为一名优秀的钢铁工人,他开始埋头苦干学技术,起早贪黑地忙工作,过了没多久,他就获得了巨大的进步。

在普通的连铸操作工岗位上奋斗了7年之后,杜文军当上了2号连铸机班的班组长。新的岗位有新的使命,自然也会迎来新的障碍。

杜文军走马上任之前,这个班组是全车间有名的问题班组,断浇、漏岗之类的事故已经成了家常便饭，工人们更是已经对被扣奖金习以为常，他们每天来工作只求无过，不求有功。而越是抱着这种态度，他们在工作中的表现就越差，由此渐渐形成了恶性循环——产量始终上不去，钱赚得越来越少，干活缩手缩脚，还经常被领导拉过去训斥，工人们一度都发愁来上班。

接手这么一个烂摊子，杜文军面临的麻烦可想而知。尽管他来到班组之后就身体力行地带着大家干活，但很长一段时间都没什么好转，大家还是按着老一套方法来工作，这让杜文军急得直挠头。

钉子班组不仅让杜文军头疼，也让领导十分头疼。连铸很关键，这个环节一旦出了事，前面烧结、炼铁、炼钢各工序的努力通通白费，后面轧钢的环节则是干瞪眼使不上劲。为了解决这个钉子班组的问题，领导三番五次喊来杜文军谈话，给杜文军施加了很大压力。

身处逆境，杜文军虽然着急，但却没有一丝放弃的打算。7年的钢铁工人生涯，已经磨炼出了他如钢铁一般的意志，他深信只要自己不放弃，就没有什么做不到的事情。

为了提高班组的工作绩效，杜文军挨个找了工人们聊天，没讲什么大道理，只是掏心窝子说心里话。其实工人们又何尝不想做好工作呢？只不过之前的底子太差，又缺个好的带头人，只好将就着过日子。现在经过杜文君的一番鼓舞，大家似乎又都找回了刚从事工作时候的那股热情，抖擞精神想要把工作做好。

解决了工人们的思想问题，杜文军又着手解决技术上的问题。班组里有好几个工人都是刚工作没几年的，因为一直在这个班组里，所以水平得不到提高。为了让大家能力尽快提升，杜文军手把手地教他们技术，直到教会为止。

两个月后，杜文军带领这个“问题班组”打了个漂亮的翻身仗，从车间考核的倒数第一名一下子跃居到了第三。此后，他们更是再接再厉，连续四年半漏浇率为0，创下该厂之最。凭借这些壮举，杜文军荣获了“五一劳动奖状”，当选了山西省的劳动模范。

决不放弃,我相信我能,正是秉承着这样坚定的信念,杜文军才能从普通的技校毕业生成长为优秀的钢铁工人。也正是凭借着这样的信念,他才能在班组长的岗位上再次创造奇迹。不放弃是他前进的最大动力,也是克服障碍的有力武器,因为不放弃,所以隐伏在他生命最深层的潜力得以在面临绝境时充分爆发出来,助他不断创造奇迹。

员工成长的道路上注定了要面临诸多挫折与障碍,胆小鬼面对这些只能无助地哭泣,而这对获得成功没有任何的帮助。如果你想成就辉煌,那么就时刻都不要选择放弃,坚持得越久成功的希望也就越大。

相信你能,你就能无所不能,这并不是什么天方夜谭,而是真真切切的事实。只要具备了强烈的自信心,你就能够承受住所有的磨砺与考验,战胜前进路上的所有障碍,最终铸造辉煌的人生!

5

99%的成功渴望抵不上1%的放弃念头

成功一直站在放弃的背面。

成功一直站在放弃的背面,世界上的每一次成功都与放弃绝缘——成功与失败就在坚持与放弃的一念之间。

每个员工都渴望成功,但却不是谁都能获得成功。在追求成功的过程之中,会有很多的磕磕绊绊,意志不坚定者就会萌生出放弃的念头。而一旦有了这种放弃的念头,就会冲垮你对成功的全部渴望。

吕杰刚大学毕业后,到一个海上油田钻井队去应聘。在试用期的第一天,带班的班长要求他在限定的时间内登上几十米高的钻井架,把一个包装好的漂亮盒子送到最顶层的主管那里。

吕杰刚尽管不解其意,还是拿着盒子快步登上了高高的舷梯,气喘吁吁、满头大汗地登上顶层,把盒子交给主管。主管却只在上面签下自己的名字,就让他送回去。他又快跑下舷梯,把盒子交给班长,班长也同样在上面签下自己的名字,让他再送给主管。

他看了看班长,犹豫了一下,又转身登上舷梯。当他第二次登上顶层把盒子交给主管时,已累得浑身是汗、两腿发颤。然而主管却和上次一样,在盒子上签下自己的名字,让他把盒子再送回去。

吕杰刚擦了擦脸上的汗水,转身走向舷梯,把盒子送下来,班长签完字,让他再送上去。这时他感到领导似乎在故意刁难自己,他看看班长的脸,尽力隐藏自己的猜疑,又拿起盒子一个台阶一个台阶地艰难往上爬。

当他上到最顶层时,浑身上下都湿透了,他第三次把盒子递给主管,主管看着他,冷冷地说:"把盒子打开。"他撕开外面的包装纸,打开盒子,里面是两个玻璃杯、一罐咖啡、一罐咖啡伴侣。他愤怒地抬起头望着主管,虽然他还不能肯定领导们的真实意图,但他已产生了一丝放弃的念头。

主管好像根本就没看见他的表情,只是对他说:"把咖啡冲上!"

这时候,吕杰刚再也忍不住了,他没有照做,而是对主管说:"我可能不适合这份工作!我想我还是辞职吧。"

这时,那位主管站起身来,直视他说:"年轻人,刚才让你做的这些,叫做承受极限训练,因为我们在海上作业,随时会遇到危险,这就要求队员身上一定要有极强的承受能力,只有承受各种危险的考验,才能完成海上作业任务。只可惜,前面三次你都通过了,只差最后一点点,你没有喝到自己冲的甜咖啡。现在,你可以走了。"

尽管年轻人非常渴望这份工作,但他在反复的攀上爬下中失去了耐性,心中产生了一丝放弃的念头。正因如此,就在自己快要通过考验时,他选择了辞职。无论你有多么渴望成功,但成功需要坚持到底,只要你心中产生了一丝一毫放弃的念头,失败就会找上门。

日常工作中有很多人像这位年轻人那样在事业初期充满热情,保持旺盛的斗志,在这个阶段,普通人与杰出人士的差别不大。往往到最后那一刻,顽强者与懈怠者便显示出了不同,前者能克服困难坚持到最后,而后者则丧失信心,放弃了努力,于是便有了不同的结局。

"春蚕到死丝方尽,人至期颐亦不休。一息尚存须努力,留作青年好范畴。"作为生的意义在于坚持,也就是争取,成就大事固然离不开坚持,点滴小事也需要坚持。

坚持是成功前的一种状态。切记:1%的放弃念头让99%的成功渴望付诸东流!

6 没有解决不了的问题,只有暂时没找到的方法

只要有问题,就有解决的办法,并且总有更好的解决办法。

"实在是没有办法了"。

"这个问题我解决不了"。

"实在不行就算了吧"。

……

你是否经常在工作中听到这样的话?

如果稍稍留意下,你会发现,说这种话越多的员工越是一事无成。因为他们不相信自己能解决问题,结果,他们不能解决的问题就越来越多,挡在他们成功路上的障碍自然成倍地增加。

成功员工的一大共同特点就是:他们都是重视找方法的人,相信只要有问题,就有解决的办法,并且总有更好的解决办法。于是他们不停寻找、不懈思索,并且开动脑筋,解决了眼前的难题,而成功离他们自然更近了。

没有解决不了的问题,只有暂时没想到的方法。只要我们坚信能够解决问题,并不断打破旧思路,尝试新方法,问题终有解决的一天。自觉培养这种解决问题的能力,可以让我们面对问题时更自信、更从容,可以让我们永不止步。

沈扬是一家电器公司的推销员,最近他们公司刚研发出了一款全自动洗碗机。在沈扬看来,这款洗碗机肯定会非常畅销,因为它可以节省大量的时间和劳动,减轻家庭主妇们的负担。然而,当他开始推销这款产品时,才发现根本就无人问津。

销量不好,沈扬还以为是自己的推销方法出了问题,可他一问同事,大家都说这商品很不好卖。如果按照一般人的想法,既然商品不好卖,大家又都卖得不好,那我也就凑合下行了,不用担心销量不好被批评。但是,沈扬却不是那种人,他相信这些问题难不住自己,只要用心去做,一定能够想出破解的方法。

经过一番细致的市场调查,沈扬发现,原来洗碗机不好卖是消费者传统的观念在起作用。在大部分人的观念中,洗碗是个再简单不过的事,连5岁的孩子都会,根本用不着买一个机器来洗碗,更何况机器洗的碗未必比人洗得干净。

况且,是机器总会出故障,这让维护修理成了一件必不可少的麻烦事,为了洗碗而给家里增添麻烦,实在不值。另外,即使有人认为洗碗机能省不少事,但其高昂的价格却让人无法接受。这样,全自动洗碗机的滞销就成了情理之中的事。

找到了商品滞销的原因,沈扬便开始琢磨着怎么能打开销路。经过认真研究,他还真想出了一个好主意——把自动洗碗机推销给住宅建筑商。

沈扬找到了一个房地产开发商,说服他做一次市场试验:对同一小区、居住环境和建造标准相同的楼房,一部分安装自动洗碗机,另一部分则不安装,然后对其销售情况进行对比。结果发现,安装有洗碗机的房子很快就卖出去或租出去了,其出售速度比没装洗碗机的快了好多。

这一结果让开发商很感意外,看来加装洗碗机确实能提高房子的销售速度。于是越来越多的开发商在其代售房屋中安装了自动洗碗机。沈扬也因为这件事被领导好好表扬了一番。

看来,问题总有解决的办法,但如果我们一碰到难题就灰心丧气,首先放弃了,那难题永远都是难题。只要我们愿意想办法,坚持不懈地尝试新思路、新方法,就不怕找不到解决难题的办法。

因此,不要怕问题棘手,不要回避问题。要不断去尝试去寻找合理有效的方法,只要找到恰当的方法,再难的问题也会迎刃而解。

7 不放弃的是方向,要改变的是方法

认准了正确的方向,就一定不要放弃,经过磨难的洗礼后,收拾好散落满地的心情,从时间里寻觅新的方法。

在员工成长的道路上,既有坦途,也有坎坷。面对那些阻碍我们前进的难关,始终都不应该放弃努力的方向。只要方向不变,并坚持不懈地去做,就有可能收获成功。

难关总会出现在我们的工作中,不放弃努力是一方面,但有时也应该根据情况适当地改变方法。有时用一种方法不能解决问题,但换另一种方法就能收获意外之喜。

一位年迈的老爷爷用纸给孙女做了一条长龙,这条长龙腹腔的空隙仅仅只能容纳几只半大不小的蝗虫慢慢地爬行过去。但这位老爷爷捉过几只蝗虫投放进去,它们都在里面死去了,没有一条蝗虫活着爬出来!

老爷爷告诉他的孙女说:"蝗虫是一种性子太躁的虫子,它除了挣扎之外,根本就没想过用嘴巴去咬破长龙,也不去尝试着一直向前爬,只要一直向前爬就可以从另一端爬出来。因此,尽管蝗虫有着铁钳般的嘴壳和锯齿般的大腿,也只能死在长龙里面。"

然后,这位老爷爷把几只同样大小的青虫从龙头放进去,然后再关上龙头,令人意想不到的一幕出现了:仅仅几分钟时间,小青虫们就一一地从龙尾爬了出来。

蝗虫的死是因为它不懂得去改变方法,只知道不停地挣扎,所以只有死路一条。而青虫则恰恰相反,它懂得放弃让自己处处碰壁的方法,知道如何去选择新的方法,所以它活了下来。

没有哪个员工天生就拥有战胜难关的专门武器,只要我们像青虫那样不急不躁不断找寻,同样也能跨越难关,抵达成功的彼岸。或者比青虫多些点子,咬破长龙,走出阴影,必将重获一片天。

张小虎是一家灯具厂的技术人员,主要负责新产品的研发。进厂后不久,他曾亲自参与设计一款节能灯,可在工作过程中却遇到了棘手的问题。无论他怎样改进技术,节能灯电路中的损耗和发热都很大,而且寿命也不长,和同类的产品相比并没有明显的优势。多次调试失败后,最后张小虎选择了放弃。

后来张小虎又在这家厂里干了两年多,技术水平有了突飞猛进的提高。有一天,他在整理文件时无意中看到了当年关于这款节能灯的研发资料,仔细看了看才发现当初的问题其实并没有那么难以解决。张小虎一直苦恼于如何降低电路中的损耗和发热,其实当时只要采用一种新型的IC芯片就可以降低能耗,同时还会大大提高节能灯的性能。

这件事给张小虎留下了很深的印象,从那以后,他就改变了工作的心态,遇到那些难解的问题时再也不随便放弃,而是试着有没有别的方法能够解决。而在做出这种改变后,他也惊奇地发现,以前很多在他看来不可解决的问题,其实都能找到相应的解决方法。

工作中碰到难题不会转弯,感觉做不到就轻易放弃,这就是很多员工一直难以成就卓越的原因。遇到难关时,我们面临一系列的选择,只有明确哪些该坚持,哪些该放弃,哪些该不断改变,我们才能顺利到达目的地,实现自己的目标。

只有坚持既定的前进方向,始终不放弃自己的目标,同时不断调整我们的做事方法,才能克服一个又一个困难,不断靠近我们的目标。

8

成功者都是将优势发挥到极致的人

活着的真正悲剧并不在于我们没有足够的优势,而在于我们未能使用自己拥有的优势。

成功其实并不难,就看你如何发挥自己的优势。俗话说得好:“尺有所短,寸有所长。”每个员工都有各自的优势和劣势,想要获得成功,就要学会最大程度发挥自己的优势。

一名优秀的员工,不论他的自身条件如何,都不会浪费每一分潜藏的能量,不会自贬可能达到的工作高度。他会锲而不舍地发挥自身的优势去克服一切困难,向着人生最高的目标坚定迈进。

很多员工每天只是羡慕别人如何的成功,却不知道利用自身的优势去创造价值。其实上天对每个人都是公平的,我们都有着差不多的天赋,你没有成功只是因为没有充分开发出自己的天赋。一旦将这些天赋发挥到极致,成功也就变得不再遥远。

“三百六十行,行行出状元。”这句话放在江苏省劳模刘建成身上是再合适不过了。凭借着自身精湛的技术,他成为了远近闻名的钳工“状元”,多次当选为企业的先进标兵,还获得过劳动和社会保障部授予的“全国技术能手”的光荣称号。然而,就是这样一个技术能手,以前却一度都是落后员工的代表。

刘建成初中毕业后,因为学习太差没有考上高中,在技校学了两年就来到了这家模具厂。起初刘建成是做货车司机的,但是这份工作又累又枯燥,他干了一段时间就失去了兴趣。好几次运货的时候都出了问题,成为了领导眼中的“问题员工”。

刘建成的一个叔叔也在这家模具厂上班,他看侄子这么不争气,干脆就把他拽过来和自己学钳工,自己也好就近监督他。刘建成自小就爱摆弄些小零件,钳工这工作可真是对了他的胃口。从那以后,他的工作态度开始转变,每一天都在孜孜不倦地研究着钳工的技术,并且暗暗发誓要将工作做到极致。因为他明白:一个优秀的员工,肯定是一个能够在工作中将自己的优势发挥到最大化,将工作做到尽善尽美的员工。所以,在此后的工作中,一旦遇到不懂的地方,他就积极和老钳工们请教,连他的叔叔都惊讶他如此快速的转变。经过不懈地刻苦学习,刘建成的钳工技术突飞猛进,很快就成长为了车间里的生产技术骨干。

在随后的几年时间里,刘建成突破技术质量,加工难关十多项,为企业节省了十多万元开支,实现小改小革 6 项,为工厂增创产值数十万元,终于成长为了一名优秀的员工。

刘建成的故事告诉我们,要想成功就要善于发挥自己的优势,也许你在一个岗位上不怎么成功,那不是因为你不够优秀,只是因为没有发挥出自身的优势。一旦你找准了优势,并把这些优势运用到工作之中,成功就是指日可待的。

很多员工的真正悲剧并不在于没有足够的优势,而在于未能使用自身拥有的优势。本杰明·富兰克林把浪费的优势称为"阴影里的日晷",巴菲特说了一句话:"如果你们和我有任何不同的话,那就是我每天起床后都有机会做我最爱做的事,天天如此。如果你们想从我这里学什么,这就是我对你们的最好忠告。"

得到辉煌人生的三大原则就是将某件事发展成为你的优势,并将优势发挥到极致,你必须要做好它,把你做的事做得出类拔萃。你的成功之道在于最大限度地发挥优势,而不是克服弱点。不管是什么优势,只要你发挥到了极致,那么成功就将属于你。

9

面对难关,成功者想的与众不同

时刻提醒自己:你比你想象的还要好!

经常有人会问,什么是优秀员工,优秀员工又有哪些地方比别人做得

更好？关于这个问题有很多的答案,但其中最重要的一点是——在面对难关时,优秀员工始终能够用异于常人的思想指导自己的行动。

当绝望来临,一般员工的眼里只剩下了绝望,而优秀的员工却能从中发现希望。他们小心呵护自己的积极心态,避免消极心态对自我的腐蚀和破坏。他们深知,只有毫无保留地相信自己,才能让成功的可能最大化,因为自信是激发潜能的前提和必要条件。

与普通员工不同,优秀员工视难关为自己事业上的一个台阶,并用自己的勇气和实际行动将难关踩在脚下,变成自己更上一层楼的垫脚石。面对难关,他们总会选择义无反顾地向前冲,并在心中想象,他们克服了这个难关之后会是怎样的一个情形。

对更强大自我的憧憬,对美好未来的向往,让优秀员工忘记了这一路上的风雨和伤痕,让他们把对失败的恐惧全然抛在脑后,最终挺过了一个又一个难关,成功地超越了从前的自己。

孙淑芬从小在农村长大,农村艰苦的生活造就了她坚强的意志,也使得她无论何时都能保持乐观的心态。

2005年,在城里工作的小姐妹向孙淑芬推荐了一份送快递的工作,她欣然前往。试工结束后,孙淑芬一家三口都进了城,租了间房子。孙淑芬送快递,爱人在一家建筑工地干泥瓦匠,孩子上幼儿园,开始了艰难的城市生活打拼。

送快件,首先就要认路和认单位,这对于初次进城的孙淑芬来说可是一个不小的难题。最开始工作的那段时间里,她送快件比较慢,而且还经常找不到地方,为此没少挨客户和领导的批评。

工作上遇到了难题,孙淑芬也有些闷闷不乐,回家和爱人诉苦,爱人就劝她换份工作。思来想去,孙淑芬最后还是没有接受爱人的建议,她不是那种轻言放弃的人。快递工作虽然起步有些难做,但孙淑芬却坚信自己能够做好,这恐怕也是因她那份乐观的心态所致。

为了在短时间内熟悉市区的各个路段和单位,孙淑芬在出租房屋的床头、厨房、卫生间、餐桌边全贴上了市区地图,走到哪背到哪。同时,因为城市发展速度很快,她还自己制作了一份土地图,只要送过快件的地方都有标识。就这样,用了不到三个月的时间,孙淑芬已经将城市大大小小的街道全摸清楚了,简直成了同事们眼中的活地图,快件投送遇到麻烦全找她。

快递业务十分累人,有很多男同志都坚持不下来,但孙淑芬却创造了奇迹。一年三百六十五天,每天风里来雨里去,楼上楼下跑,一天工作下来腰酸背痛的。问孙淑芬累不累,她说,怎么不累,每天晚上到家都累得走不动了。但是,她也说了,再苦再累也要咬着牙坚持下来,因为挺过难关才能有收获。

一分耕耘,一分收获。孙淑芬因为工作特别出色,很快就升了职,加了薪。2009年年底,孙淑芬和丈夫倾尽积蓄,在市区里花了20多万元买了套50多平方的二手房子,终于在城里安了家。

一名女性从事快递工作,付出的辛苦要比男同志多得多。孙淑芬的成功秘诀在于比别人多了一份乐观与自信,正是强大的精神力量支撑她战胜了种种难关。

成功的员工和一般的员工相比较,其实多的也就是强大的自信和乐观的心态。这使得他们无论处于何种困境都依然怀有希望。这份希望让他们不断地突破自己,超越自己,最终成长为企业的栋梁之才。

如何看待难关,将影响到你的行动以及事情的结局。从某种程度上说,成功是成功者自己选择的,而失败也是失败者自己选择的,面对难关,你又该如何选择呢?

10

在逆境中征服痛苦,获得胜利

人生中,经常有无数来自于外部的打击,这些打击究竟会对你产生怎样的影响,最终决定权在你自己手中。

没有播种,何来收获;没有辛劳,何来成功;没有磨难,何来荣耀。员工只有在困境中不断征服痛苦,才能超越自己,变得更加卓越和优秀。

在工作中遇到那些不如意的事情,不要一味地去怨天尤人,要多考虑怎样克服痛苦。美国著名生物学家彼得逊说过:“人生中,经常有无数来自于外部的打击,这些打击究竟会对你产生怎样的影响,最终决定权在你自己手中。”痛苦本身并不可怕,可怕的是我们没有征服痛苦的勇气,唯有征服痛苦,才能走向成功,获得鲜花和掌声。

逆境给了每一名员工宝贵的磨炼机会,只有经历了无数次痛苦的磨炼,精神才能变得更加强大,意志才能变得更加坚定。也唯有这样的员工,才能成长为企业中的佼佼者。

没有风吹雨打,哪会有秋实的成熟。没有刺骨的寒风,哪会有松柏的坚韧。逆境是强者攀登高峰的垫脚石,成功员工的荣耀都是他们不断征服痛苦的结果。

吴丽出生在河南巩义县一个贫苦的农民家庭里,因为家境贫寒,只读过初中她就不得不辍学出去找工作。后来经人介绍,她在郑州一家纺织厂找到了工作,从此穿上了白围兜,带上了白帽子,成为了一名普通的纺织女工。

行业里一直流传着“男不进矿,女不进纺”的说法,其中的意思不言而喻——这两种工作都是异常艰辛的。可是尽管如此,吴丽还是十分珍惜这份工作,因为她深知一份工作的来之不易。

织布车间里有几百台轰鸣的织机,每一名挡车工都需要不停地在20多部机器之间巡回,以最快的速度接上织机上的断线,保证机器的正常运转,生产出来的布没有瑕疵。每天工作8个小时,挡车工的眼、脚、手都必须不停地运转,还要行动迅速,才可以应付。

刚进纺织厂的挡车工,几乎没有一个不哭的,包括吴丽。有些人甚至说:“宁愿回家去种地,也不愿意做挡车工。”

虽然挡车工的工作很辛苦,不过这些艰辛并没有吓倒吴丽。她觉得辛苦的工作也是对人的一种磨炼,承受得住这种磨炼的人才能获得成功,所以她一直都在尽心尽责地做着本职工作,毫无怨言。

挡车工最常做的一项工作就是接断头,可是最初吴丽半天都接不上一个。为了能够尽快顶岗作业,她在私底下刻苦训练,苦练接断头的手法,一次不行两次,两次不行就三次。纤细的手指僵硬了,麻木了,手指被勒出了血口,手臂累得连碗都端不起来,可她依然坚持苦练。经过不懈努力,吴丽的操作水平迅速提高,很快达到了优级手的水平。来到厂子的第二年,她便经常参加厂里及全市、全省范围的纺织青工操作比武,并且多次荣获"操作能手"称号。

就这样,吴丽在挡车工的岗位上坚持了下来,这一做就是十多年。如今,吴丽的操作技术已经炉火纯青,看她在布机台前操作,简直就是一种享受。吴丽的汗水也没有白流,这些年来她连续被厂里评为"先进工作者",有一次还当选为全国纺织系统的"巾帼标兵"。

志不强者智不达,言不信者行不果。能否实现个人的理想,在于痛苦面前你是否克服了,吴丽的故事就是最好的证明。

不经一番寒彻骨,哪得梅花扑鼻香?幻想着轻轻松松,什么都不做就能获得成功是不切实际的。想要在自己的岗位上做出令人瞩目的成绩,就要学会坚强,学会抗争,用奋斗帮助自己走出逆境。

俄国文学家奥斯特洛夫斯基说过这样的一句话:"人的生命,似洪水在奔流,不遇着岛屿、暗礁,难以激起美丽的浪花。"只有在逆境中不断克服痛苦,才能获得真正的荣耀!

11 在坚持中善待自己,凡事不必苛求完美

乐观的态度能增强我们的心理承受能力,减弱来自外界的压制和打击,从而减少对我们心理的负面影响。

员工都是企业的主人,我们应该在工作中不断提升自己的工作能力,对自己严格要求,这是我们的义务与责任,是一种上进心的体现。虽说每

一个人有上进心是好的,但当过高的要求与自己的现实情况形成差距的时候,往往会加大员工的心理压力,严重的时候,会影响正常的工作甚至生活。那究竟我们应不应该要求自己完美呢?

心理学家巴斯克认为具有完美主义性格的人通常有下列特性:注意细节,要求规矩,缺乏弹性,标准很高,注重外表的呈现,不允许犯错,自信心低落,追求秩序与整洁,自我怀疑,无法信任他人。

我们不能否认,员工在工作中追求完美,这首先是种积极向上的心态,这种心态会促使员工严格自律,仔细周到,并有很强的计划性和组织性,同时在这样的员工身上也会看到他们坚定的工作态度和执著的品质。

但是,一个过分要求完美的人,是需要强大的能力基础的。比如,一个要求衣着完美的人,必须要有很强的经济实力来支持这一要求,一个对工作要求完美的员工,必须要有超强的工作能力来应对自己挑剔而苛刻的工作要求。所以完美的背后必定有一个超级强大的能量支撑,但完美的要求是无穷尽的,而能量却是有限制的,用有限的能力去满足无限的要求,这注定是失落与痛苦的根源。

我们说,积极的心理环境是有助于提高工作效率的,所以,要求完美和在自己能力限度内尽量完善自己是两个不同的概念,所产生的结果也是截然相反的。

有这样一位年轻人,他从小喜爱绘画,长大以后虽然没有如愿进入艺术院校深造,而进入一家工厂工作,但上班后小伙子并没有放弃自己的爱好,这种执著的精神也因此打动了一位富商,并资助他画画。

小伙子放弃了自己工厂的工作,专门从事绘画创作并发誓完成一部超越自己的旷世之作,于是在他做这样决定后的几年之内,他都过着与世隔绝的创作生活。

几年后的一天,好奇的富商来到他的画室,揭开他画架上的帷布才发现,那幅“惊世画作”甚至没有完成底稿部分,只是一幅涂鸦了各种颜料的废纸而已。那些杂乱无章的线条也正昭示了年轻人在他追求极致完美的创作过程中,失去了他卓越的才华和难得的灵感,同样变得混乱无序了。然而更为可惜的是,这年轻人太过要求完美的人生观,甚至不能容许他再回到工厂里从事一份简单但起码可以谋生的工作。

这则故事同样提醒着我们，作为员工应该在工作中制定务实而且合理的努力目标，制定的目标永远放在自己目所能及的地方，让我们通过努力便可以摘取成功的果实。在工作中踏实地进步，这才是最有可能让我们趋近完美的道路。

所以，工作中的完美只是相对的完美，相对于自己工作历史的不成熟、不完善。员工应该允许自己在工作中出现失误，并在工作中不断完善自己的工作作风和工作方法，在心里留出一截有待提升的空间，让自己在达到更高一层目标的过程中，体验到逐渐进步和逐渐优秀的快乐和自信。

快乐与自信是一个充满柔韧性的情绪状态，在这种积极乐观的状态中工作，能充分调动员工的主观能动性，从而激发出不少好的思路和解决问题的办法。在轻松的状态中，不受约束的思维是迅速而且准确的，在实际工作中往往事半功倍，同时它也能让我们面对困境时更加坚韧，这种乐观的态度能加强我们的心理承受能力，减弱来自外界的压制和打击，从而减少对我们心理的负面影响。有人说，内心足够强大的人，往往有着比别人更宽阔的胸怀。这种宽阔的胸怀无疑也能装下自己的不完美。

员工要如何在工作中去掌握完美的尺度呢？

(1)充分了解自己的能力，制定可行的目标计划；

(2)不去仔细追究每个工作细节，保证自己是在正确的工作方向上；

(3)要给自己的工作制定一个合理的完成期限；

(4)仔细记录自己工作中失误的类型和次数，注意到重复的失误，这样的失误背后，隐藏着你错误的工作方法和习惯；

(5)不介意同事的建议和意见，把这些当做工作中最宝贵的财富。

现今社会，人们的生存压力确实是增加了，工作压力也随之增加，尽管如此，员工作为工作中的主体，最好的适应方略还是更大程度发挥能动性，运用灵活的工作方式，产生更大绩效，并从工作被肯定中获得快乐和自信，而绝不是对每个工作任务都要求完美完成。

12

无限价值的创意,让你的坚持永无极限

创意这个词越来越频繁地出现在我们周围,生活中,创意可以提高我们的生活质量,增添生活乐趣,在有些行业中,领导层为了提高效益,成立了创意研发部门。创意与我们联系得越来越紧密的现象,也向我们做出一个提示:是否有创意,正在慢慢成为衡量我们工作和生活质量的新标准。

曾经听过许多类似的事情了,一个好的创意,可能会挽救一个濒临破产的企业 ,或者让一个小企业声名鹊起,也可能让成功的企业再创辉煌。创意能更好地延续一个企业的寿命,增强企业的生命力和竞争力。而对于员工来讲,什么是创意,创意又能给我们带来什么呢?

创意就是具有新颖性和创造性的想法。它是员工在熟练工作中积累出来的智慧结晶,有创意的员工必然是不拘于常规和标准程序的,有敢想的勇气和自信,而且也是勤于思考,有细致观察力的人。有创意的员工对企业也是有着极强的责任心和主人翁精神的,只有真正把企业当成自己的责任,才会在合适的时候,本能地发挥出自己勤于思考和钻研的优点。

2011 年 10 月 5 日,那个一直在为改变世界而努力的人去世了,他的名字叫做史蒂夫·乔布斯。不熟悉他的人也许只知道他是当前世界上市值第一的 IT 企业苹果公司的创始人兼 CEO,而那些熟悉的他的人都知道他就是这个时代里最伟大的“创意大师”——他将一个个创意赋予无限的价值,让他改变世界的梦想永远在延续。

1997 年,被苹果公司赶出去十二年之久的乔布斯又一次回到了苹果,他再次掌舵自己最心爱的公司。可是,当时的情况却是,苹果公司的市场份额连续被竞争对手“掠夺”,公司的股票价格已经跌破 14 美元,甲骨文等公司正虎视眈眈地准备收购苹果……

面对这一困局，乔布斯告诉苹果董事会："给我九十天的时间，让我尝试着去拯救苹果"。

拯救苹果公司，这被看作是一项几乎不可能完成的任务。微软总裁比尔·盖茨说："乔布斯回来了也拯救不了苹果，因为谁也救不了苹果公司。"戴尔电脑的创始人迈克尔·戴尔说："我要是乔布斯，我会选择直接关闭这家公司，将股东们的钱还给股东。"

面对困局，乔布斯再次拿出了自己的制胜法宝——"用创意改变市场格局，用创意改变人们的生活，只要赋予创意无限的价值，就能够让苹果起死回生！"

世界上总有一种东西会让历史去铭记，比如说乔布斯对于创意价值的完美开发和其坚持梦想的执著精神！

1998年，苹果iMac电脑上市，这款代表着一种未来的理念、半透明的外装，一扫电脑灰褐色的千篇一律的单调，似太空时代的产物，加上发光鼠标的电脑一经上市就让苹果公司扭亏为盈。

此后，乔布斯开启了震惊世界的创新之旅——

1999年，苹果推出iBook、G4和iMacDV；

2001年，平面式的iMac推出，取代已问世三年的iMac；

2002年，推出第二代iPod播放器，使用了称为"Touch wheel"的触摸式感应操控方式；

2003年，推出第三代iPod音乐播放器，可同时支持Mac和Windows，并取消Firewire连接埠的设计；

2004年，推出第四代iPod数码音乐播放器，沿用了原本在iPod mini上的"Click Wheel"操控设计；

2005年，苹果推出第五代iPod播放器；

2006年，斯蒂夫·乔布斯推出了第一部使用英特尔处理器的台式电脑和笔记本电脑，也就是iMac和MacBook Pro；

2007年，斯蒂夫·乔布斯在Mac World上发布了iPhone与iPod touch；

2008 年,斯蒂夫·乔布斯在 Mac World 上从黄色信封中取出了 MacBook Air,这是当时世界上最薄的笔记本电脑;

2009 年 3 月 11 日,苹果推出新款 iPod shuffle;

2010 年 1 月 27 日,苹果公司平板电脑 iPad 正式发布;

2010 年 4 月 6 日,苹果 iPad 正式在美国发售;

2010 年 5 月 26 日,在与比尔·盖茨(Bill Gates)竞跑了三十多年之后,乔布斯终于将苹果送上了纳斯达克的顶峰位置——苹果公司的市值在当日纽约股市收市时达到 2220 亿美元,微软当日市值为 2190 亿美元,成为全球最大的 IT 企业;

……

2011 年 10 月 5 日,创新天才乔布斯因为胰腺癌而永远地告别了这个世界。无数的“果粉”自发来到苹果公司楼下献上鲜花与卡片等东西纪念他,其中一个卡片上这样写道:“我希望成为像你一样的人,让每一个创意都有改变世界的机会,并一直坚持下去……”

也许我们无法做成像乔布斯一样伟大的人,但是我们可以从他的身上借鉴学习到更多的东西——我们要做一名富有创意的员工,让自己工作中的每一个创意都产生更多的价值,并且一直坚持下去,这样我们就能够成为企业中最优秀的一员。

其实做一名有创意的员工,未必需要多高的学历或者多强的技术水平,对于有细致观察事物习惯和喜欢动脑思考的人们来说,这并不是多难的事情。但员工们往往习惯了工作的程序化和标准化,并不去考虑工作中的程序和标准是不是最好的,最有效的,这才是我们不能产生创意的根源。

有这样一个公司保洁员,她每天的工作就是保证工作区和休息室的环境保持清洁。她发现清洁休息室面积虽然很小,但清洁休息室的工作量却是办公区的几倍。经过仔细观察,她找到了原因:在办公区里每个办公桌的隔断非常低,每个人的桌面都能被其他人看到,职员们都不好意思当众扔垃圾或者在自己的区域内乱放东西,而休息室里有道门,所以,在休息室关闭的情况下,职员们更随意些,不再注意保持自己的卫生习惯。她向公司领导建议:拆掉休息室的门,让休息室暴露在公众视野里。公司领导也觉得有些职员会经常在工作不忙的时候滞留在休息室里,于是采纳了她的建议。

短短几天过去了,休息室的卫生情况果然得到了改善,而且员工们的工作效率也有所提升。拆除一道门的创意,给保洁女工带来的是减少额外工作量,提高工作效率的收益,而给公司带来了提升员工总体工作效率,从而提升公司绩效。

在我们的工作当中,好的创意一般都是围绕着节省劳动力,提高工作效率的目的而产生的。我们都知道,员工对待工作应该踏实肯干,不怕累。但随着时代的发展,对优秀员工的要求越来越多样化,员工在工作中的创造性思维也越来越受到企业管理者们的重视。客观地说,创意能让我们在工作岗位上长期快乐地工作下去,更能提升企业的整体效益,这是一举两得的事情。

下篇　会做事，做成事

第五章　巧做:找准方法、事半功倍

企业需要员工付出的更多是“功劳”而不是“苦劳”,是“效益”而不是耗“时间”。面对纷繁的任务和变化的环境,员工常常感到十分辛苦,却无法提高工作效率,更有甚者快而出错,常常需要从头返工,得不偿失。这个时候你该问问自己:是哪里出了问题?

1

巧做:只要方法对,问题就迎刃而解

看准了方向、找准了方法,等于已经将问题解决了一半。
不要只顾低头做事,遇到问题抬头看路、瞅准方向才是关键。

什么是巧做?不是让我们投机取巧,而是遇到问题要冷静思考,发现问题的根源——只要方法对,看似复杂难以解决的问题才能被轻松化解。

我们在工作中有可能会遇到各种各样的问题,出现问题很正常,问题也并不可怕,真正可怕的是不知道用正确的方法去解决问题。很多问题表面看上去像洪水猛兽,但只要找准了方法,很容易便可以解决掉。

某工厂一个研究室里,研究人员迫切需要弄清一台由100根弯管组成的机器的内部结构。而要弄清这样的内部结构,就必须弄清其中每一根弯管的入口与出口。

当时,他们没有任何相关的图纸资料可以查阅,所以要想把这个问题搞清楚是一件非常困难的事。大家想尽了办法,动用了很多仪器探测机器的结构,但效果都不理想。

最后,研究员杨旭灵机一动想出了好办法,他所用的工具很简单,只是两支粉笔和几支香烟。具体做法是:点燃香烟,大吸一口,然后对着一根管子往里喷。喷的时候,在这根管子的入口处写上"1"。另一个人站在管子的另一头,见烟从哪一根管子冒出来,便立即也写上"1"。其他的管子也都按照这个方法去做。于是,100根弯管,大家不到两个小时便把它们的入口和出口全都弄清了。

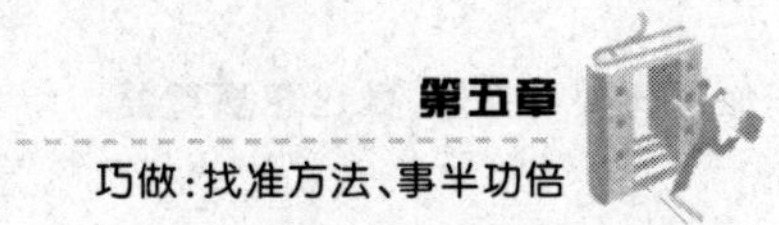

找准方法再做就是巧做,而巧做不仅可以节省时间和精力,更能使事情处理起来事半功倍,看似很难解决的问题也能迎刃而解。

面对问题,草率行事的员工,多会依据问题的表象贸然行动,结果出手很快,而失败也在他出手的那一刻接踵而至。他们往往找不到问题的根源到底在哪里,而把大量的时间和精力都浪费在一些无用的事情上。

还有一类员工,他们懒得动脑子,只知道循规蹈矩地做事,不会去发现解决问题的方法。一旦出现棘手的问题时,他们就会感到手足无措,一筹莫展。

谁都想轻松地解决问题,但不是每个人都能做到。并不是问题太难,更多时候只是下手太早了,或所用的方法有误,以至于一个问题没解决,新的问题又出来了。优秀员工之所以能够成功,不仅是因为他们比别人更努力,更是因为他们在遇到挫折、陷入困境时,能够及时发现问题,快速找出问题解决的方法。

巧做,其实就是看清问题本质,找准方法再做。看准了方向、找准了方法,等于已经将问题解决了一半。

说了这么多,也许有人要问了,怎样才能懂得巧做呢?

首先,遇事万万不要急躁。无论你的工作中出现多么棘手的问题,都不要太过慌张,忙乱中往往更容易出差错。人的思维就像湖面一样,一旦湖面起了波澜,就很难看清问题的本质。急,很容易让人产生一种浮躁情绪,而这种浮躁情绪就如在湖里投入的一粒石子,会将思维搅乱。

想快速找出解决问题的方法,就要有个平和的心态,不能让急躁的情绪夹杂其中。让心情平静下来,才可能抓住问题的根本,找到最合理解决问题的方法。

其次,把问题认识清楚。出现问题并不可怕,可怕的是被问题的困难程度影响了正常的思维,冲昏了头脑。所有的问题,只有在我们想尽一切办法仍无法解决时,才会真正成为棘手的问题。

所以,遇到问题后,我们要做的不是马上动手解决问题,而是要弄清问题的症结到底在哪里,只有认清了问题,才能更好地解决问题。

再次,分析问题、找出方法。处理问题时,如果能有一个正确的思路,就能轻松地解决很多问题。如何才能有一个正确的思路呢?这就需要对问题进行分析,只有理性地分析问题,才能从纷繁复杂的情况中,认清事情的本质特征,做出正确的判断。

工作就是不断发现问题,分析问题,最终解决问题的一个过程。而分析问题,需要先把难题一个个清清楚楚地写出来,然后找出问题形成的原因、突破的关键点和可能解决问题的方法。

分析问题时,需要多问几个为什么,如问题出在了哪里,问题的症结是什么,问题的难点是什么等等。然后根据所提出的问题,来一个个进行解答。同时,分析问题时思维不可过于局限,而是要发散思维、大胆假设、多角度分析。

最后,转换问题,即设法从另一个角度去看待问题,从而解决问题。

一家建筑设计院为某单位设计了几栋办公楼。办公楼盖好并投入使用后,该单位突然提出,由于各楼之间的员工交往频繁,如果走的路线不科学会耽误时间,所以希望他们能够在各楼之间设计出最科学、最节省时间的人行道。

设计院出具了好几个方案,但都被这家单位一一否定了。就在大家一筹莫展的时候,其中一个设计师想出了个好办法,她说:“现在不正是春天嘛,我们不如在楼群之间的主要路线上种点草,在草坪上人走的最多的路线肯定就是最便捷的路线。”

这个方案很快被对方认可了,原来这家单位的工作人员为了赶时间,总是在草坪上选最近的路来走,这样时间长了就会在草坪上留下明显的痕迹,而根据这些痕迹设计出来的路线,肯定最科学、最省时。一个月后,设计院根据这些痕迹设计铺设的人行道,果然很受大家欢迎。

面对棘手的难题,如果通过直接的方式去解决,可能难度很大,甚至根本解决不了,这就需要我们将问题进行巧妙的转换。把直接问题转换成间接问题,可以将原本很难的问题,变为相对容易解决的问题。换一个角度、换一种方式,也许一个看似很难的问题就会迎刃而解。

巧做,是解决问题最有效的方式,也是最快捷的方式。当你在工作生活中遇到问题的时候,不要只顾着低头做事,抬起头来,看准方向才是关键。

这样,你才会成为一个优秀的员工,因为你就是那个会“巧做”的人。

2

正确界定问题

能够对一个问题进行正确的界定,那么已经将问题解决了一半。

解决问题的关键在于正确界定问题,对问题不同的界定将把我们的行动导向不同的方向。正确的界定有助于我们更清楚地认识问题,从而在很短的时间内找出解决问题的方法,将工作做得更好;而错误的界定则将使我们的行动偏离本来的目标,最后很可能落得个南辕北辙的结果——浪费了宝贵的时间和精力不说,还有可能错失解决问题的最佳时机。

钱玉衡是一家印刷厂的老技术员,有一次他受命改进厂里印刷品的质量。起初他认为,是油墨的问题影响了印刷品的品质,所以他试图通过研究找到一种较好的印刷油墨,以改进印刷质量。可是厂里的技术员们想尽了各种办法,新研发出的油墨也不能有效改善印刷品质。

这时同事董涛提出,问题不在油墨上,而要提高印刷质量,或许可以在印刷机上获得突破。这一提议立刻赢得了多数技术员的支持,于是大家把技术主攻方向放在了改进印刷机上。很快,该厂的印刷质量就得到了明显的提高。不过,他们一开始在改进油墨的研究上耗费了不少的物力和财力,造成了很大的不必要的损失。

本来面对的问题是如何提高印刷质量,但钱玉衡却错误地将问题界定为“改善油墨”,导致整个行动方向偏离了正轨,让研究计划陷入困境。由此可见,对一个问题的界定正确与否,将决定你能否顺利地解决这个问题。

那么,怎样才能准确地界定一个问题呢?

(1)认清解决这个问题要达到什么目的

搞清楚解决问题的真正目的，才不会被问题牵着鼻子走。就拿我们熟知的“司马光砸缸救人”这个故事来说，按照正常的逻辑，他们面临的问题是如何将落入水缸的小伙伴从水缸中弄出来，但这是他们要达到的真正目的吗？显然不是，他们的真正目的是救人，只要让落水的小伙伴与水分离，这个目的就达到了。这有两个办法，一是让人离开水，二是让水离开人。聪明的司马光没有选择前者，因为那需要等待大人将落水的小伙伴从水缸中捞出来，他选择了后者，果断地将缸砸破，让水流走，成功地救出了自己的小伙伴。如果陷入之前的那个问题中，等找到大人的时候可能已经来不及救人了。

(2)正确地描述问题

要清晰具体地描述问题，避免抽象的、模糊的问题描述方式。让你越快找准正确的问题解决途径，就必须对问题的描述越具体、越清晰，这样说明你对问题的认识越清楚。而抽象、模糊的问题描述意味着你还没有搞清面对的问题。

此外，在描述问题时，还要分清客观现实和主观感受。人们对客观事物的认识难免会夹带一些主观因素，尤其是在牵涉到自身情感和利益的事情上。一个问题描述牵涉的主观因素越多，你对问题的认识就越偏颇，这会误导你的行动。

在进行问题描述时，要鼓励尽可能多的人参与。不同的人会有不同的视角，通过集体讨论还可以为我们带来更多信息，避免一个人看问题可能夹带的主观因素。

我们还要避免以“解决方案”的形式来描述问题本身，如问题是“我们该如何留住员工”，解决方案一般是某个行动计划，旨在指导我们如何去做，但这不是问题本身，当我们用解决方案的形式来描述问题时，我们就钻进了某个狭隘的角落，否定了其他可能的问题解决方法。

(3)站在更高的层次上来认识问题

限定问题的范围和层次会阻碍我们的思路，就好比在巷战中大炮难以发挥威力一样。问题所限定的范围较宽泛，我们的创造性思维就有更多用武之地。

在20世纪60年代，人类的航空航天活动遇到了一个难题：

在太空船高速返回地球时，会与大气层产生剧烈的摩擦，与摩擦相伴而生的是极高的温度，这种高温会烧坏太空船的外壳，使航天员面临生命危险。于是科学家开始寻找一种耐高温的材料用作太空船的外壳。经过试验科学家们发现，越耐高温的材料在与大气层摩擦时产生的温度也越高，这就使科学家们陷入了两难的处境。

后来，他们认识到，只需要确保太空船里面的安全，而不用为太空船找到烧不坏的耐高温材料。沿着这个思路，他们想到了一种高温下会气化的材料，气化过程能吸收因摩擦所产生的高温，这就可以确保高温不传递到太空船的里面。虽然气化过程会让太空船的外表面变得面目全非，但这并不是重点。就这样，通过站在更高的层次上来看待这个问题，科学家们顺利跳出了那个两难处境，找到了解决问题的方法。

对一个问题进行准确的界定，相当于将这个问题解决了一半。当你在工作和生活中遇见问题时，不要急于去解决，这往往会导致你看不清真正的方向。面对一个问题，要先进行正确的界定，然后再着手去做，就能够快速而完美地解决掉问题，节省大量的时间和精力。

3 连问5个“为什么”

连问5个为什么，可以帮助我们理清问题背后隐藏的因果关系链。

对某个问题连续发问，是一种有效地诊断问题的方法，这种方法可以帮助我们更好地去认识工作中出现的那些问题。

事实上，连问5个为什么，并不是要求我们每一件事情都提出5个问题,而是多次发问,找到问题根源。连问 5 个为什么,可以帮助我们理清问题背后隐藏的因果关系链,顺着这个链条不断深入,就能透过问题的表象看到其本质,找到更深层次的原因,从而发现问题的根结。连问 5 个为什么,其作用还在于让我们更客观、更恰当地定义问题。

具体做法是:不断提问为什么前一个事件会发生,直到回答"没有更好的理由"或直到发现一个新的故障模式时为止。这个新的故障模式往往是一个更主要、更深层的原因。当我们解决了这个更主要、更深层的原因时,问题就能得到根本性的解决而不再成为工作中的绊脚石。

李晓阳是一处旅游景点的环卫人员,有一次他被派去打扫该景点内的一所祠堂。这所祠堂外的石头腐蚀得厉害,让很多游客都感到不满。按照常理,把那些腐蚀严重的石头换掉就可以了,但这需要花不小的费用。

几名参与其中的员工都没有想出什么好办法,最后还是李晓阳灵机一动,他问大家:"是什么原因导致石头腐蚀得如此厉害?"

有人给出了这样的答案:"主要是由于频繁的清洗石头造成的。"

"为什么要如此频繁地清洗这些石头?"

"因为石头上每隔一段时间就会落满鸽粪。"

"为什么有如此多的鸽子在此活动?"

"因为这附近有他们喜欢的食物——蜘蛛。"

"为什么会有如此之多的蜘蛛?"

"因为这里有很多飞蛾,它们是蜘蛛的美味。"

"那为什么又有如此多的飞蛾?"

"那是黄昏时照射祠堂的灯光吸引了它们。"

连续提问之后,解决问题的答案终于找到了。工作人员推迟了开灯的时间,没有了灯光就没有了飞蛾,没有了飞蛾就不会有那么多的蜘蛛,没有了蜘蛛,鸽子就没兴趣光顾祠堂了,而没有它们的光顾,自然不会有那么多的鸽粪落在石头上,石头也就不用经常清洗了。最终,石头严重腐蚀的问题就这样解决了。

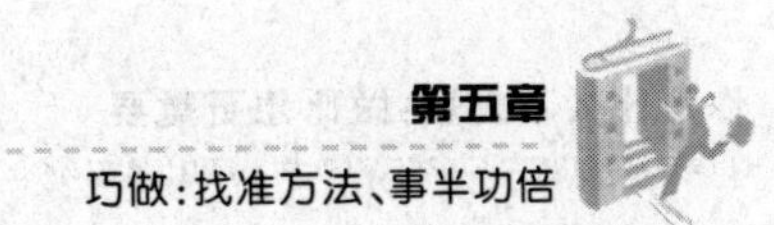

提问有时是解答一个问题的最好方式，提问犹如一把钥匙，总能打开一扇又一扇未知的大门。只要我们问对问题，这些问题就能引导我们找到背后的答案。遇事多问几个为什么，我们的思维就能得到更多、更好的启发，记住：问题是思维的食物，你喂给思维的食物越多、越对其胃口，它就越活跃，越强大。

大野耐一在其《丰田生产方式》一书中指出，正是因为对问题的穷追不舍，丰田人才创造了独一无二的精益生产方式。

为什么在丰田纺织公司里，一名青年女工可以同时管 40 多台机器，而在丰田汽车工业公司，一个人只能管一台机器？

原因是机器不能在加工完成后自动停止，由此便有了“自动化”的想法。

为什么不能做到“准时化”生产？

因为前一道工序出活过早过多，不知道加工一件要用几分钟。受此启发，“均衡化”的设想得以提出。

为什么会出现生产过量而导致的浪费呢？

因为没有控制过量生产的机制。结果，人们有了“目视化管理”的设想。

可见，先进的生产方式就是在一个个追问中获得启发而创造出来的。凡事多问几个为什么，这对于每一个员工来说的确不是一件坏事情。因为，只要你问得越多，你得到的有用信息可能就越多，这就能够帮助你更好地解决工作中的问题，从而将工作做得更好。

所以说，对问题不停追问，持续下去，你就能找到答案！你就会在不停的提问中成长为一名优秀员工。

4

找准问题的突破口

从一个易于成功的对象开始突破,成功就显得容易多了。

当我们遇到一个难以解决的问题时,最需做的一件事就是找准问题的薄弱点,这个薄弱点就是问题的突破口。

难题有时就像一个密不透风的帷幕,但只要我们能在这帷幕上撕开一道口子,帷幕里就能透进光线,我们就能看清帷幕的里面,顺利找到破解难题的方法。而这道口子,就是我们所说的突破口,而突破口往往就藏匿在问题之中,刚开始它可能很小,但持续用力,口子就会越来越大,我们对问题的认识也会越来越清楚,思路和方法自然也会越来越多。

找准问题突破口,就能走出束手无策的境地,继续推动问题的解决进程。查斯特·菲尔德博士曾说:“从一个易于成功的对象开始突破,成功就显得容易多了。”从较容易的地方着手,不仅能推动事情的进展,还能增强我们成功攻克难题的信心,这是顺利解决问题的前提。

秦峰原是香港某医院的一名护士,在工作中她了解到一种猪皮可以用于皮肤受损病人的手术移植,而且用这种猪皮修复一小块皮肤就需要上万元。决心创业的她决定马上辞职,养殖这种能卖高价的猪。

她从医生那里得知,用于病人皮肤移植的猪皮来自于广西巴马的香猪,这种香猪是当地的一个特产。于是,她马上引进了十几头纯种香猪,在自己的家乡重庆进行养殖。三年过去了,她的香猪已经繁育到了3000多头,但正当她准备高价出售自己的宝贝猪时,却发现医院对香猪的猪皮要求极高,不能有一点破损,因而几千头香猪里面能用于皮肤移植的不超过几十头。而且医院的需求极少,价格也没有她当初料想的那么高。此时的秦峰陷入到了困境之中。

秦峰知道,她需要将自己的香猪推向大众,只有大众市场才能消化这么大的产量。虽然她养殖的香猪个头小,肉质也非常好,但当她以每斤20元的价格向饭店推销时,还是碰了一鼻子灰。只有高档饭店才愿意购进她的香猪,其他饭店因利润空间不大而持观望怀疑的态度。几经周折,她的香猪还是趴在了窝里,成了滞销货。

秦峰陷入到了一个推销难题之中,如何快速打开高端市场成为了她的需要马上解决的一个难题。正当这时,一个房地产公司给她打电话,要求订购她的香猪。秦峰起初很疑惑,房地产跟香猪有什么关系?他们葫芦里卖的是什么药?一经询问才知道,原来当年是猪年,为了推销自己的房子,房地产商决定选用猪作为他们送给客户的礼物。而秦峰的香猪个头小,肉质好,作为礼物送人比较合适。更重要的是,房地产商推介的项目主打自然、环保、原生态,而秦峰的香猪都是原生态养殖,与房地产商推介项目的主旨一致。

两家刚一合作,效果就出来了,前来订购香猪的大多都是那些购房者。这让秦峰眼前一亮:她可以与其他行业合作,作为推销自己香猪的突破口,因为合作更能吸引消费者的注意,而对于合作的商家来说,这也不失为是一种巧妙的推销方式。她的提议很快就吸引到了很多厂家的注意力,就这样,通过与超市、饭店、房地产商等商家的联手,秦峰的香猪被越来越多的消费者所接受。

因为经营上的失误,秦峰一度陷入到了困境之中,但当她发现问题的突破口后,很快便找出了解决问题的方式。

由此可见,有些问题看似不可解,但只是因为没有找出突破口而已。

千里之堤,毁于蚁穴,一条牢固的大坝会因为小小一个蚁穴而坍塌;同样,一个看似复杂的难题也会因为一个小小的突破口而土崩瓦解。很多人在问题面前常常表现出手足无措,其实并不是他们缺少解决问题的能力,而是没有找出问题的薄弱点。如果你陷入到僵局之中,只要能在难题的帷幕上撕开一道小口子,那么难题就能顺势破解。

5

找到问题的根源

只有找到了问题的根源,解决问题的思路才更清楚。

在处理问题时,切记要抓要点、抓根本,如果眉毛胡子一把抓,结果往往是事事着手,事事落空,即使最后能完成工作,也要付出更多的时间和精力。与此相反,如果善于抓问题的要点,再棘手的问题也能很快解决。

事物都是相互联系的,但只有找到与问题相关的直接联系,才能把准脉,找到问题的症结。如果过多的被与问题无关的联系吸引了注意力,就会停留在问题的表面,降低解决问题的效率。

有这样一个故事:一座破旧的庙里住着两只蜘蛛,一只在屋檐下,一只在佛龛上。一天,旧庙的屋顶坍塌,露出一个大洞,幸运的是,两只蜘蛛都没有受伤,它们依然在自己的地盘上,忙碌地编织蜘蛛网。

没过几天,佛龛上的蜘蛛发现自己的网总是被弄破,一只小鸟飞过、一阵小风刮起,都会让它忙碌地修上半天。它问屋檐下的蜘蛛:"我们的丝没有区别,工作的地方也没有改变。为什么我的网总是不停地破,而你的网却没事呢?"

屋檐下的蜘蛛笑着说:"难道你没发现我们头上的屋顶已经不见了吗?"

许多员工每天看似忙碌不堪,绕着眼前的问题团团转,但只是像佛龛上的蜘蛛一样,一味地在解决表面上的问题。因为没有深入地去分析问题的根源,所以导致问题不断重复的出现,无论他们多么专注于工作,始终都看不到成效。

面对工作中出现的问题时,唯有察明"破网"的原因,找出问题的症结点,才能一举清除病根,永绝后患。

谁都希望能快速、有效地解决问题，但有的员工能做到，有的员工却做不到。这其中原因很多，而是否懂得抓要点、抓根本是关键。

一家宾馆的电梯需要进行维修保养了，电梯维修公司早就和这家宾馆签订了合同。经过检查后，维修公司将维修的时间订于5天之后，但时间得12个小时以上。这必然会给客人带来不便，即使不全部停业，较高楼层的客房恐怕也得暂停使用。

这本来是件稀松平常的事情，但当时正好赶上宾馆的人事变化：宾馆刚刚交给一位新经理经营，而且目前正是旺季，要将电梯停用12小时，他怎么也不答应。维修公司接连派了3批人与他接洽，但都被他拒绝了。最后，公司委派了一位经验丰富的老员工去和他交涉。

老员工没有拐弯抹角，只说了几句话："经理，我知道现在是经营酒店的黄金时间，但我们检查后发现，电梯已经到了必须大检修的时候。如果不维修，也许不久就会带来更大的麻烦，到时电梯停的可能就不是12小时，而是几天了。"

"更可怕的是：如果某天电梯出事，造成人员伤亡，到时带给你的，也许就不仅仅是经济损失了，甚至还有法律责任。"

这一来，经理不得不接受他们的意见，按时检修了。经理之所以不愿意检修，是考虑到自己的经济利益。而现在，围绕他害怕损失的心理做文章，说明不及时检修将会带来更大的损害，这样难题就迎刃而解。

抓要点、抓根本，首先要学会抓要害，其次就是抓住"主干"。精明能干的员工不管遇到多棘手的问题，都能够以最快的速度，抓住问题的要点，并采取相应的手段。因此，再棘手的问题，到了他们手里也能很快得到解决，我们应该学会这种能力。

那么，我们该如何掌握这一智慧呢？

第一，学会"抓要害"。有句俗话叫做："打蛇要打七寸。"意思是说要想杀死一条蛇，就要打中蛇的七寸，也就是心脏的位置。打中了蛇的七寸，再厉害的蛇也只能一命呜呼。解决问题的道理同样如此，无须费多大工夫，只需要抓住其中的要害，采取针对性的措施，一个看似繁杂的问题就能迎刃而解。

第二,抓住“主干”。任何问题都有关键,那就是“主干”。主干往往是问题的主要矛盾,解决了它,其他的问题就会迎刃而解。

凡事都有主干和要害,发现这些再着手去解决问题,那么做事时就会事倍功半。优秀员工其实就是因为善于找到问题的根源,所以才能更容易获得成功。

6 巧妙分解问题

通过将一个问题分解,可以大大降低问题的复杂性和解决难度,使问题变得更清晰,更简单。

分解问题是我们有效解决问题的重要方法,通过将一个问题分解,可以大大降低问题的复杂性和解决难度,使问题变得更清晰,更简单。

工作与生活中,我们时时刻刻都在分解问题。做饭时,我们分买菜、洗菜、炒菜三件事,按先后顺序分别进行,做饭这个问题就解决了。对于买衣服,我们将其分解成如下几个子问题:选择购买地点——是在附近的商店买,还是到较远的大商场买,或者干脆在网上买;选择所要衣服的款式;确定自己能接受的价格。可见,分解问题是我们常用的一种解决问题的方法,但在工作中遇到一些难题时,很多员工却一下子被它吓到了,忘了这个有效的方法。

分解问题的意义在于,一个复杂的问题常常会超越我们的能力范围,让我们束手无策。但如果能将问题分成几部分,并确保每部分都能在我们现有的能力条件下得到解决,那么,我们就可以通过分别解决这几个子问题,达到解决大而复杂问题的目的。

在分解问题时需要注意:

(1)将一个大问题分成几部分后,要确保每个子问题都能在现有的能力条件下得到解决。

(2)不同部分应按照轻重缓急或先后顺序排列,然后分别解决或者指派给不同的人解决。

(3)要确保将各个子问题解决后,整个问题能得到完满的解决。这就要求问题的分解没有遗漏。

(4)分解后的每个子问题要相互独立,不能重叠,以免在同一个问题上浪费时间和资源。

经过分解后,许多复杂的问题就能迎刃而解。

在杂交水稻发明之前,科学界一直认为水稻没有像其他作物那样的杂交优势,而且水稻是自花授粉植物,似乎根本不可能做杂交。但我国著名农学家袁隆平了解到,杂交水稻和所有其他植物一样是有杂交优势的,这坚定了他搞杂交水稻的决心。

然而,真正要做好这件事谈何容易?杂交水稻试验国际上早就有人做,但无论是美国、日本还是欧洲,都因遭遇重大障碍而陷入停滞,更何况科研条件不如他们的中国!可是,袁隆平并没有就此放弃,别人没做到的事,不代表他也做不到。

袁隆平经过深入思考,决定将发明杂交水稻的难题分解成三个子问题:一是培育雄性不育系,二是培育保持系,三是培育恢复系。通过三系配套,就能培养出杂交水稻。

虽然这三个子问题的解决过程仍然困难重重,但已经大大降低了培养杂交水稻的难度。在此思路的指导下,袁隆平陆续解决了这些问题。于是,杂交水稻的诞生就成了水到渠成的事情。

袁隆平通过巧妙地分解问题,创造性地解决了水稻的杂交问题,并且进一步证实了水稻的杂交优势。这一问题的解决,使全世界的粮食增产进入到一个快车道。

袁隆平发明杂交水稻的故事,就是一个经典的将复杂问题分解成几个简单问题的案例。

巧妙分解问题,就能化大为小,化复杂为简单,就能为我们提供更清晰的行动思路,沿着这个思路,难题的解决将不再困难。这样,我们就能成为一个会解决问题的好员工。

7 创造性模仿

懂得“创造性模仿”的人,都是站在巨人的肩上成就了自己的梦想。

如果你在工作中只是单纯地模仿,那么永远都不可能有进步和提升。时间是变化的财富,时钟模仿它,却只有变化而无财富。员工不能和时钟一样,不仅要会模仿,更应该懂得创造性的模仿,只有这样才能走出属于自己的道路。将工作做到极致,成为企业中的骨干。

所谓创造性模仿,有人认为会有矛盾,他们认为,凡是“创造的”必定是“原创的”。如果是模仿品,则肯定不是原创。其实,这个词用得非常贴切,它描述了一种本质为“创新”的战略。许多人所做的事情,都是别人已经做过的事情,真正的关键不在于别人有没有做过,而是你有没有“创造性”。

创造性模仿需要注意的是:不能照着葫芦画瓢,要有创新精神。当然,这也不是要你尽数抛却前人的经验,而是需要在别人打下的基础上有所突破,有所开发。具体说来,要想学会创造性模仿,需要注意以下几点:

第一,不能照葫芦画瓢

做事不能照搬原样,如果只知道模仿,而不动脑子去创新,那么你就不能超越别人,得到新的收获。无数实践已经证明,模仿是世界上风险最低的经营,但也是收益最低的经营,只有创造性地去模仿才能将收益最大化。

许多戏剧爱好者都知道,过去学戏剧的唱腔,往往是师傅一字一字、一句一句地教,徒弟则一字一字、一句一句地学,徒弟唱出来的声音,腔调的韵味,咬字吐字的方法,都得跟师傅一模一

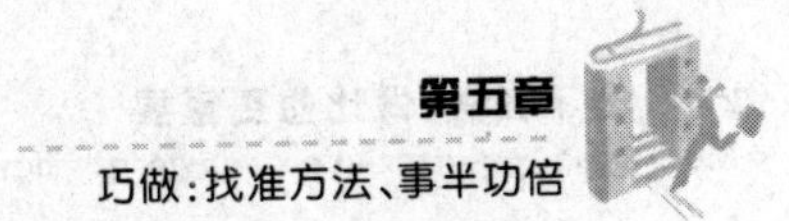

样才行。这种死板方法教出来的徒弟,虽然都有一定的造诣,但却少有能超越师傅成就的。

我国京剧表演大师梅兰芳先生,当年也曾经接受过这种教育,但他在学习的过程中并不是单纯地模仿师父,而是在模仿的基础上不断创造和加工。经过多年的创造性模仿,他在京剧的角的唱腔、念白、舞蹈、音乐、服装和化妆上都有所创造和发展,最终形成了自己独特的艺术风格,世称“梅派”。

第二,善用他山之石

所谓善用他山之石,指的是吸取别人宝贵的经验为我所用。在前进的道路上,谁都难免会因为经验不足而遇到一些困难,如果你不懂得吸取别人的经验教训,总结出应对这些困难的办法,就会撞得头破血流,伤痕累累。只有借鉴了别人的成功经历,才能够尽可能地少走弯路、错路。

张希是一家电池厂的技术人员,负责公司新产品的研发。起初,他设计的电池功能特点都一般,在市场上销量不是很好。为此,很长一段时间张希都感到十分苦恼,他不知道到底怎样才能设计出一款受人欢迎的产品。

有一次,张希在电视上看演员模仿秀,看到一半的时候他突然灵机一动——演员能靠模仿别人走红,我为什么不能参照别人的产品来设计出新产品呢?

想到此处,他开始认真去研究市场上那些畅销的电池产品,分析人家的优点。在经过一番深入研究后,他终于设计出了一款性能优良的电池,而这款电池在市场上也获得了好评。

创造性模仿不等于抄袭,而是在原有的基础上再进一步创新,从而得到升华。创新的力量是无穷的,你的创造能力也是你的潜力,从现在开始,模仿成功者的想法,模仿成功者的行为模式,不断加工创新,早一天学以致用,就早一天会实现自己的人生价值!

为模仿而模仿,即使你完美地模仿了别人的成功,最终也会因为缺乏独创精神而遭遇失败。不会创新,就永远不会拥有属于自己的东西,这样的员工又怎么能够获得成功呢?那些在事业上收获成功的员工,都是在别人原有的模式上创造出属于自己的东西,他们才是善于模仿的智者。

8

破旧立新

面对新问题,往往需要新方法,而只有打破旧有的思维习惯,突破常规做法,才能顺利解决问题。

员工在相对固定的工作环境中做事,时间一长就会形成一种固定的思维模式。具体表现为:习惯于从固定的角度去观察和思考问题,习惯于以某个固定的程序处理事情,习惯于以固定的方式来接受事物。

思维定势有其有利的一面,它可以将我们以前分析和处理问题的方式固化,当我们从事类似的事情时,就可以做到非常熟练,甚至根本不用过多思考,达到节省时间和精力的效果。但这种惯性思维方式也会束缚我们的思维,使我们过于依赖以前的问题解决方式,一旦遇到新情况,定势思维会给问题的处理带来消极影响,因为走出以前的思维方式往往需要付出额外的努力。

数学家华罗庚曾讲过这样一个故事:我们伸手去摸一个袋子,第一次摸出一个黑玻璃球,接下来又摸了五次,发现都是黑玻璃球,于是我们会想,这袋子里装的是黑玻璃球。当摸到第七次时我们摸到了一个白玻璃球,这时我们可能会想,这袋子里装的都是些玻璃球而已。继续摸下去,这时又摸出了一个小木球,又会想,这袋子里装的都是些小球,如果我们继续摸下去……

正如这个故事中所描述的那样:很多员工因为活动处于有限的范围内,他们会习得一些类似的经验,这些有很大局限性的经验,往往会让他们形成一种思维的定势。在这个有限的范围内,我们的定势思维是有效的,就像牛顿的万有引力定律在地球上是正确的一样,但超出了一定的范围,我们的定势思维就不再有效,正如在外太空,牛顿的万有引力定律就不适用了一样。

很多问题看似无法解决,其实是因为这些问题超出了我们的经验范

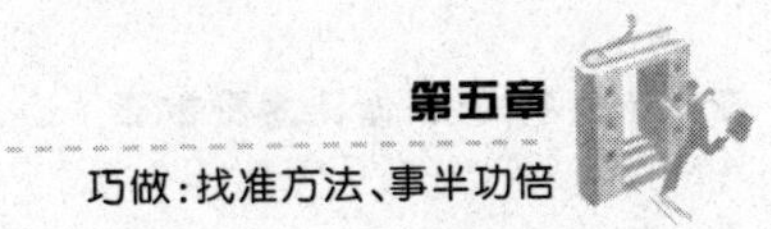

围,如果我们无法走出自己的定势思维,那么很容易就会陷入到僵局之中。所以,破旧立新成了突破新问题的一个有效的办法,只有在打破了旧的思维模式后,才能创造性地想出一些新办法,这时,问题也就不难解决了。

那如何才能破旧立新呢?

(1)要有质疑常规做法的习惯。每一个问题都有多种解决办法,所以,遇到问题时我们要尽可能想出更多的办法,不能停留在老办法上。老办法不一定就是最好的办法,仔细思考一下,或许就能找到更省力、更有效的新办法。只有养成这种多想办法的习惯,在遇到新问题时,才不至于陷入到以前的思维定势之中。

(2)要换个角度看事物。多面性是万事万物的特点,如果我们能看到事物的这种多面性,就能发现其不同的特性,找到不同的解决问题的办法。因此,在面对同一个问题、同一件事情、同一个事物时,要多换角度,从不同的侧面、方向、属性去看它,这样就能更全面地认识事物,找出更有效的方法。

(3)要大胆尝试。实践能展现事物的不同方面,能让我们更深刻地认识事物、认识问题。因此,遇到问题时,多进行尝试,使用我们能想到的所有办法,虽然这不一定能解决问题,却能给我们新的启发,帮我们找到新方法。

所以,作为一名员工,解决工作中出现的新问题,往往需要新的方法,而只有打破旧有的思维习惯,突破常规做法,才能顺利解决问题。

9 简化思维

将问题简单化,是大智慧的体现。

面对突如其来的难题时,很多人都会感到一筹莫展,不知道如何去应对。人们往往喜欢夸大问题的难度,让一个原本简单的问题变得复杂化。

其实,将问题简单化是一种重要的能力,是巧做事情的根本,也是一种大智慧的体现。

“多”不一定好,“合适”才好。学会砍削与本质无关的信息,并善于抓住问题的根本,用最简略的方式对问题进行表述,就能从丝网般错综繁难的思绪中走出来。

解决问题最简单的方式,就是最好的方式,也是最省力、最高效、最可靠的方式。复杂、繁琐的问题解决方式会浪费大量的时间和精力,而且往往不可靠。

爱迪生是世界著名的发明家,有人做过统计:爱迪生一生中有专利证明的发明就有1300种左右。毫无疑问,爱迪生拥有着最聪明的头脑,是解决各种问题的高手。人们或许在想,有如此多科学发明的伟人,他的思维也一定会比普通人复杂,事实上并非如此。

有一次,爱迪生像往常一样在实验室里忙碌着,他一生中最重要的一项发明——白炽灯泡就要诞生了。此刻,他需要知道灯泡的容积大小,于是便请助手去测量。

焦急的爱迪生,等了好久,还不见助手把数据送来,于是他来到了助手实验室。

走进门,爱迪生看见助手正在桌旁不停地计算着。爱迪生觉得很奇怪,便上前问他在干什么。

助手一边忙着计算,一边回答道:“我刚才已经测量灯泡不同部分的周长,现在正在用数学公式进行计算,您要的数据等一会就知道答案了。”

爱迪生哭笑不得:“难道你就不会先把灯泡里灌满水,然后再去测量水的体积吗?”

很多事情看上去很复杂,比如测量一个不规则物体的体积,其实却很简单,只要用水装满它,再测出水的体积就可以了。之所以我们把简单的事情弄得相当繁琐和复杂,原因就在于我们做事情时不经思索,一味按照常规思路去做,就可能把简单的问题复杂化。

在许多员工的印象中,思维方法越是复杂就越显得高深,因此他们不仅习惯于把问题看得复杂,更把解决问题的方式变得复杂,钻到“牛角尖”

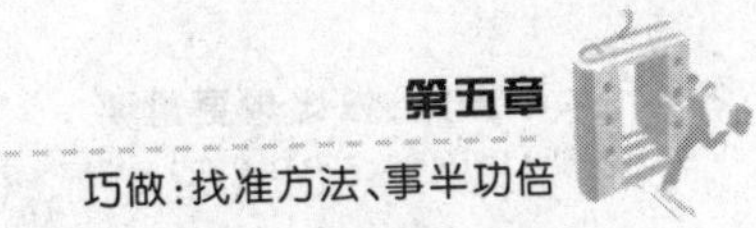

里无法出来。事实上,事情并不是做得越多就越有收获,想得越多就越深刻,而是越简单就越高效。

简化思维,能让你少走许多弯路,简化做事的方式也会减少很多不必要的麻烦。我们只有让事情朝着简化的方向发展,才能更好地驾驭自己的工作,才能组织起更庞大、更有效的工作团队。很多时候,不会用简化问题的思维去想,去做事,你就很难轻松自如地达到理想的效果。

简化思维也不是凡事都要朝着简单去做,而是该简化的简化,不该简化的绝对要去“精工细作”。只要有一个简化的思维模式,你就能快捷地去操作一件事情,而不是绞尽脑汁地去想去做。

其实一件事情就好比一棵树,你只需要抓住主干就可以了。如果你把整棵树的枝叶都留下,它们就会分散你的注意力,让你看不到问题的关键。简化思维,在思维中找出解决问题的最佳方法,抓住“主干”去掉不必要的枝叶,就能更明智地发现问题,变复杂为简单。

10 从结果出发去思考

反果求因,找到新的因果关系,我们就能发现新的规律。

从结果出发去思考问题,就是一种倒果求因的逆向思维方法。一个让人困惑的结果,往往隐藏着解决问题的线索,仔细研究这个结果,或许就能找到解决问题的思路。

反果求因,找到新的因果关系,我们就能发现新的规律,并用这新规律来指导我们的行动,这让我们得以避免盲目行动,尽快找到问题的解决方法。

张凯是山西一家煤矿企业的一位医生。一次,他到一个矿区去为工人们做体检。结果发现，这个矿区的很多工人都患有很严重的脚气病。那些患了脚气病的工人吃不下饭，睡不好觉，浑身乏力，工作起来很是不得劲。在发现这一情况后，张凯决定留下来，把所有员工的脚气病治好了再走。

等张凯在这个矿区驻扎下来后，他才知道，不仅人会得这种疾病，很多矿区家属养的鸡也染上了这种流行病。可见此病在这个矿区的传播有多么的严重。张凯是一个对于流行病很有研究的医生，他猜测，如此普遍的疾病很可能是由细菌传染所引起的。

想到这儿，张凯决定养一群鸡来进行相关试验。这些鸡从别的地方运来，起初都很健康，但不久之后就陆陆续续地染上了这种疾病。为了找出病菌，他从病鸡的各个部位取样，然后拿到显微镜下去观察。然而，几个月下来，他的辛苦努力并没有换来任何收获，眼看着疾病越来越肆虐，张凯心急如焚。

又过了一段时间以后，张凯惊奇地发现，有一批病鸡在没有接受任何治疗措施的情况下，竟然自己痊愈了。这个发现让张凯感到大惑不解：这些鸡一开始都是和其他鸡养在一起的，同样的环境，同样的喂养，怎么会出现如此大的差别呢？正当他苦思不解的时候，一位新雇佣的饲养员走过来给鸡撒食。张凯望着这些争相取食的鸡，突然冒出了一个想法——为什么不直接从结果去找答案呢？这些鸡都是这位新雇佣的饲养员喂的，而这位饲养员刚来了几个月，他喂养的鸡却都好了，这里面难道有什么秘密？

经过调查，张凯发现，之前的饲养员为了图省事，直接用人吃剩的白米饭喂鸡，而这位新来的饲养员总是将白米饭掺好米糠等粗粮后再喂养。“问题会不会出在饲料里？难道是粗粮治好了鸡的脚气病？”他不禁冒出了一连串的疑问。

张凯来到这个矿区后也染上了这种疾病，为了验证自己的想法，他决定拿自己做试验。此后，他每天坚持吃粗粮，没多久，自己的脚气病果然好了。后来，他将这种方法在矿上推广，很快，脚气病就彻底从这个矿区消失了。

从这个案例中我们可以看出，所有的结果都有其原因，当我们在工作中碰到了令自己困惑的问题时，就需要倒果求因，找到背后的因果关系

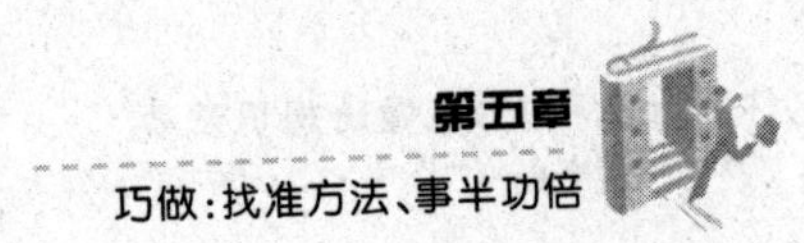

链,这是我们有效解决问题的指南针。

除了倒果求因外,逆向思考的另一层意思是要与众人的思路反着来。人们思考问题时,都会从自己熟知的常情、常理、常规出发,喜欢顺着事情的自然顺序去想问题,但有时这种正向思路要么不能解决问题,要么不能找到更有效的方法,这时就需要我们打破常规,进行逆向思考。

公园中生活着一群鹿,为了保护它们,公园的管理人员消除了所有可能威胁到其生存的因素。然而,无忧无虑的生活并没有让这群鹿繁衍得更好,几年下来,鹿群已经疾患缠身,体质出现严重退化。管理人员怎么也没想到,原本是为了保护这些动物,结果反而害了它们。于是有人提议,引进鹿的天敌——凶残的狼,以此来增强鹿群的体魄。

对此许多人刚开始不理解,认为会威胁到鹿群的生存,可没想到几年下来,鹿群的数量并没有像他们担忧的那样出现下降,反而还有所增长,而且鹿的体质也得到了大幅的提高。这都得益于狼的追逐。

从这个案例中可以得出这样的结论:从结果出发去思考,逆向思维,往往能找到更好的办法。所以,当我们在工作中被问题困住时,一定要敢于突破自己的常规思维,只有推陈出新才能应对新的挑战。

11 发散性思维能催化出聪明的员工

从不同的方向、途径和角度去设想、探求多种答案,最终使问题获得圆满解决。

发散性思维能够催化出聪明的员工。因为,发散性思维就像一棵盘根错节的树,是大脑思维活动中一种重要的“迁移类比”的能力。

如果事物本身是树的主干,那么它的枝、叶、果实就是迁移类比的结果。因此我们也可把发散性思维称扩散性思维、辐射性思维或求异性思维,一种从不同的方向、途径和角度去设想、探求多种答案,最终使问题获得圆满解决的思维方法。

事实上,发散性思维就像一支铅笔,它不仅可以用来写字,还能用来当尺子,画出笔直的直线,也可以当成商品去赚钱。铅笔芯磨成粉后可当润滑粉,削下的木屑可以装饰画。所以,每一个员工在工作中都要学会发散思维,不要太过于偏执。

在工作中,发散性思维常常表现为不受传统观念束缚,能够迅速发现事物与事物之间、现象和本质之间的联系,乐于追根寻源和检验论证,并且善于联想,富于想象和长于类比,充满好奇,兴趣广泛而且目标集中,常常把探索的目标投向未来。因此发散性思维也是一种重要的创造性思维。那么,我们在工作中怎样才能拥有这种创造性思维呢?

首先,思维发散最常见的方法有——发散法。以某种物品为扩散点,联想其他的用途以及与它相像的东西等。即充分运用发散性思维的多路性,扩大思考问题的广度,通过联想和想象等方式多方面的对事物进行推测。

其次,集体发散思维也是比较常用的方法,人们通常把这种思维方法称为“头脑风暴法”——即充分调动大脑的无限资源,尤其是听取其他人的意见,集思广益。在工作中,通过召开集体性会议的方式,让众人在一起相互探讨、相互启发,在彼此的思想碰撞下,方案策划就能更加趋于完美。

再次,假设推测法也是发散性思维中一种比较常用的方法。这里需要注意的是,假设的问题不论是随意选取的,还是有所限定的,所涉及的应当是与事实相反的情况。由假设推测法得出的结论大多是不切实际的、荒谬的。但这并不重要,重要的是结果所体现的思想,经过大脑转化后“生产”出能为我们服务的东西。

牛顿假设苹果不往地上掉而往天上掉,而最终探索出了“万有引力”定律;哥白尼假设地球并不是“宇宙的中心”,才提出了“日心说”。由此可见,在不断的假设中,我们的思路更开阔,更能在复杂的问题中体验到“柳暗花明又一村"的感觉。

最后,要注意发散和收缩适时并用,收缩和发散是相对立的一种思维方式,所以切记时机一定要得当。否则会影响发散思维的发挥,让思维受限。收缩就是把通过发散性思维想出的好的方法,进行全面的剖析和比较归纳总结,即对发散性思维结果的一个总结。发散和收缩适时并用需要我们能够分清主次,由表及里。这种思想也是发散性思维的关键、创造发明的要义。

一家保险公司正在进行培训,讲师在黑板上写了这样一个问题,如何向一个重要客户推销你的产品。

"直接预约,和他当面去谈!"有人不假思索地回答。

讲师又问:"还有别的方法吗?"

"把各险种的资料发过去,供他自己选择!"

"除了这两种,还有别的方法吗?"

有个员工想了想,说道:"可以先介绍给他的家人,然后通过家人介绍给他。"

讲师穷追不舍:"还能想出更多的方法吗?"

下面的员工议论纷纷,又说出了几种特别而新颖的方法。

讲师首先赞扬了大家的奇思妙想,然后提醒他们:"我们可以先去了解客户有什么爱好,如果他喜欢打保龄球之类的,我们可以在那里寻找机会。"

员工们经过启发,又有人说出了几种方法。

讲师和员工的这一番对话,实际上是通过发散性思维想出解决问题的不同种做法,最后又比较、归纳出最好的解决方法。

可见思维的发散和收缩适时并用,是相辅相成的,因此这也在发散性思维的活动和我们的日常工作中起到了举足轻重的作用。

我们要明白在工作中不管遇到什么危机或困难,能运用的方法并非一种,要充分运用发散性思维积极探求解决问题最有效、最实用的方法——做一名具有发散性思维的员工。

12

巧做,就是要学会与别人协调工作

员工是否具有团结协作的能力,会是评判他优秀与否的重要条件。

在企业中,每一个员工都是生产线上的一枚"零部件",整条生产线的运作是需要所有的"零部件"一起发挥作用的。所以,每一个员工在工作的时候都不可能是孤立的,而是需要和别人一起去完成的。但是,在工作中,我们不能够墨守成规,毕竟有很多的事情是需要灵活处理的。因此,这就要求员工有着很不错的协调能力——懂得和别人换工作,彼此的长处互相对调,将自己的长处发挥到极致,这样工作就会顺手好多,在顺手与熟练中激发灵性,达到巧做事的目的。

通常在工作中,一起分工合作,从最初的上级决策到最终的项目完成,员工们会经常互相通报各自的工作课题和进度。而员工间的竞争和成见,在这个时候是需要完全放弃掉的,应该积极地沟通,询问别人需要什么样的帮助。同时,告诉别人自己所需要的援助和支持,这样的工作形式通常会最大程度提升工作效率,在一个工作团队中,个人的出色和成功也只是年终工作总结的微小亮点而已,而团队协调工作的能力才是最终评判工作卓越与否的标准。

美国某大学的学者做了这样一个实验:把6只猴子分别关在3间空房子里,每间2只,给不同的房子里的猴子喂食物的方式也不一样。

第一间房子的食物就放在地上,猴子取食的时候没有任何障碍。第二间房子的食物放在竹篮里,竹篮的高度每天都会提高一点。第三间房子的食物悬挂在房顶。

没过几天,他们发现第一间房子的猴子有一只已经死亡了,而另一只也受了重伤,奄奄一息。第三间房子的猴子也死了。

只有第二间房子的猴子活得好好的。

原来,第一间房子的猴子获得食物很容易,于是,两只猴子为了争夺食物而大打出手,结果伤的伤,死的死。

第三间房子的猴子无论怎么努力,都拿到不到挂在房顶上的食物,终于被活活饿死了。只有第二间房子的两只猴子一开始的跳起来取食,随着竹篮高度的变化,猴子们跳再高都拿不到食物。为了拿到食物,两只猴子只有协作才能有食物吃。于是,强壮一点的那只猴子托起另一只较瘦小的猴子,这样每天都能取到竹篮里的食物,很好地活了下来。

这个故事给我们提示到的最简单的道理,恰恰也是员工应该懂得的,最科学的工作方法。员工在工作中的沟通和合作相对于闭关自守的工作方法,更能有效利用和充分发挥员工的智慧和能量,也更容易使员工享受到良性工作氛围所带来的成功和快乐。

在日常生活中也常见这种情况,如果与别人发生误会就像在人与人之间竖立起一道屏障,除了双方保持敌对的不良情绪以外,可能还会带来不必要的损失和麻烦。而良好的沟通和交际关系,往往会减少弥补误解所花费的时间,而当自己在处于困境的时候,也更容易得到别人的帮助从而脱离困境。正是因为如此,通常员工是否具有团结协作的能力,会是评判员工优秀与否的重要条件。

由此可见,学会与别人协调工作,不仅可以提高工作效率,也能改善工作中与伙伴的关系,从而创造出一个令人愉快,充满活力的工作环境,而这无疑能促使每个员工在工作中将自己的价值最大化,并且能在工作中遇到难题时,及时地做出反应,快速控制局面。

团队协作,就是与团队伙伴搞好关系吗?而员工又如何提升自己的团队协作精神呢?

应该说,团队协作不仅仅是简单的同事之间搞好关系,许多时候在工作之余,员工间也会有关系很好的朋友或者伙伴,但就工作场合这个特定的环境,能建立团队协作关系的员工,基本都有一个共识:将我们的工作最大程度做好,在这里我们的利益是一致的,大家的成功就是我个人的成功,哪怕我在工作中只起到一块基石的作用。

具体来说,在工作范围中,团队协作精神要求团队伙伴在工作认识和工作态度方面都高度统一,它不再是简单的社会关系中的一个种类,它的属性更接近精神素质的升华和提炼。

在团队协作的工作状态时,暂时放弃自己的私利来成就团队工作的成功是常见的情况。比如,我在完成了自己的本职工作之余,是不是还可以主动帮助其他同事做力所能及的事情呢?如果团队工作的顺利完成是需要我做比常规工作状态更多的工作,我能否接受呢?

在日常的人际交往中,往往不要求彼此有共同的爱好或者兴趣,不要求对方与自己有共识和相同的利益目标,只要有相处形式上的融洽和谐就可以了。但团队协作对员工内在素质会有所要求。也因此,团队协作精神越来越被企业领导层重视,把它作为一项员工素质教育进行普及和推广。

此外,员工在拥有共同愿景的前提下,具体如何提升团队协作精神呢?

第一,热情写在脸上,尊重放在心里。任何场合都不会排斥一个有礼貌,而且对人热情周到的人,这在工作环境中也一样适用。

第二,专业过硬,我不是团队的累赘。在工作中,员工的专业技术水平是同事对你信服与否的首要条件,哪怕我做的工作也许并不需要很高的技术含量,但是我对工作的态度一直兢兢业业,我有很专业的工作态度,这一样可以为你带来同事的欣赏与好感。

第三,诚信不只是我的做人态度,也是我的工作态度。员工在规定时间内完成自己的工作量,这在团队工作中可以有效地制定和控制工作进程,为成功完成团队工作提供保障。一份工作计划不是盲目制定的,它是以团队的工作量的时间进度和技术要求作为依据,员工按时按质按量完成自己的工作,这是对团队协作的承诺和支持。

第四,将心比心,急人所急。在工作中碰到难题是常见的,甚至有时候会遇到很危急的情况,伸出自己的手去援助伙伴,也许下一次需要求助的就是你自己。

第五,不要吝惜自己的夸赞之词。对自己团队伙伴的赞扬和夸奖,无疑是对他们的鼓励。在被同事帮助以后也不要忘记表达自己的感激之情,把自己对团队伙伴的好感用语言表达出来,这是团队协作的润滑剂。

13

巧做,从转变观念开始

我们说,热爱生活的人,相应才会爱自己的工作。转变对工作的观念和看法,会是你爱上它的第一步。

回想一下,我们会用什么样的词来形容我们的工作呢?劳累?紧张?周而复始,年复一年?乏味枯燥?无聊?

其实这些对工作状态的总结,并不是个别的现象,由于人类自身的能力限制,员工长期从事同一类型的工作是很常见的事情,因为重复地练习才会变得专业和熟练,甚至成为我们的专长。选用擅长本职工作的员工,这也是每个企业、事业单位最常规的用人标准。

然而,员工的最佳工作状态,是在工作中最大程度发挥自己的积极主动性,在工作中将自己的能力,有效地实现价值转化,这就要求员工在工作中是主动而且积极的。

员工如何能在重复而且日常的工作中找到让自己兴奋和期待的感觉呢?又如何在工作的过程中拥有满足和快乐的情绪呢?

第一,转变被动工作的观念。员工长期从事一种工作以后,很容易滋生思维惰性,觉得只要完成日常工作量就是他的主要职责所在,时间长了,丢失了最宝贵的主动思考问题和解决问题的思维方式,在这种工作状态中的员工是消极的,而且不会主动寻求创造更多价值的机会。

董建国所在的公司是专门生产深海油田钻探工具的企业,也是每年向国家上缴数千万元税收的大型机械设备公司,在他的公司里,上至管理人员,下至车间的操作工人都是从各地网罗来的优秀人才。

有次,公司开董事会,会议中生产部经理向各位公司高层领导展示了一份报告。这份报告是下属生产车间一位普通车床操作员写的,他在报告中指出,某个长期依赖进口的零部件,事实上是完全可以不采用的。

会后,经过技术人员实验证明,这个零件果然是没用的。机器去掉这个小零件以后,并不影响性能和质量。而由此一项改进,每年就可为公司节省50万元的成本。

这件事情后,公司向这位操作员发放了所节省成本10%作为奖金,以鼓励他在工作中主动思考和勇于提出合理建议的职业精神。而这个操作员,就是这个故事开头所提到的董建国。

不难看出,如果这位员工只是按图加工,就不会有这样的发现,正因为没有把自己的日常工作当做被动的任务去完成,才会有这样公、私双赢的结果。

第二,把无数次转变成第一次。员工从事一份工作的时间越长,越觉得这份工作没有第一次做的时候新鲜,越来越枯燥了。回忆下第一次工作的情形,那时候的我们,把新的工作当做一次挑战自己的过程,所以格外兴奋。

由此可见,员工在工作中产生重复单调,甚至无聊的感觉,是因为熟练了现有工作,但未能开发出新的,能挑战自己的工作内容。能胜任本职工作是好事,但在工作范围内,还可以给自己找到更具有挑战和刺激的工作内容。制定更高,更难一点的工作目标,这些都不失是一种好的调节方式。

第三,转变“公、私分明”的观念。不管你承不承认,工作与业余,只有时间是严格分开的,但是总有一条情绪之线是相连的。尽管我们一直提倡员工,不要把生活中的负面情绪带到工作中来,但总有些时候,情绪是不受人控制的,比如无聊、郁闷、无奈等等。

我们常常会碰到这样的事情,某员工上班前和家人产生了矛盾,结果一整天都闷闷不乐,这样的工作状态能完成当天工作量就不错了。

我们说,热爱生活的人,相应也会爱自己的工作。如果情绪并不能用时段区分开来,我们可以在日常生活中注意调节自己的情绪,在工作八小时之余做个开心、乐观的人。适当抽时间运动休闲,放松自己的心灵,缓解工作带来的压力,消除负面情绪的堆积。除此之外,在上下班途中听听放松的音乐,休假期间做一个短暂的旅行,培养一些业余爱好,这些都有

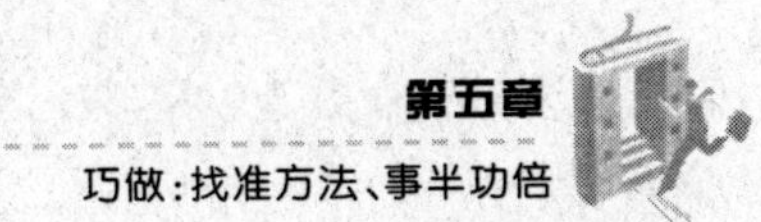

助于产生乐观、开朗的情绪。而当我们成为一个快乐的人之时,我们就能够及时地调整自己的观念,让自己成为一个“巧做”的员工。毕竟,你不巧做,就很难在工作中快乐起来。

可以说员工的工作与生活在情绪上的相互影响是显而易见的,但其实一个员工在日常生活中的性格和品质,包括习惯,在工作中也都能找到相应的印证。比如一个生活中不拘小节的员工,可能在工作中也是粗心大意的;一个生活中注重细节严谨的员工,很可能对待工作的态度也是严格审慎的。所以在生活中培养良好的习惯,寻找乐观向上的生活态度,这对工作而言是百利而无一害的。

所以,当员工在生活中的积极情绪推动工作的热情,当工作中的成功增添了生活的幸福感觉,这种“公、私不分”,开心生活,快乐工作的工作生活状态,会带给我们意想不到的收获和感觉。

第六章　智做：用对策略，让不可能成为可能

俗话说“磨刀不误砍柴工”。在工作中，提前对整体局势做一个清楚的分析、安排、筹划，之后再条不紊地去做，才能够将工作做到最好。要想成为一名优秀员工，在工作中要提前做出筹划，同时也要学会边做边想，及时更正思路以优化工作步骤。

1

谋定后动：先做谋划再做事

古语有云："凡事预则立，不预则废。"

明代洪应明所著的《菜根谭》中有两句名言，"谋，而后定；不谋，而衰矣"，"谋深，虑远，成之因也"。这两句话的意思是说做事之前要多多谋划，只有这样才能避免盲目，使计划和行动更可行、更周全，增加成功的可能性。

古时的战争最讲究谋划，各方的统帅在开战前就要做好周密的筹划，看清敌我双方的优劣，并巧妙地利用各种信息，抑制敌人优势的发挥，攻击其弱点，同时最大限度地发挥己方的优势。只有多筹划，考虑各种相关因素，并据此制定出最可行的战略战术，才能使胜利的可能最大化。

打仗是这样，工作又何尝不是如此。每天忙碌、繁琐的工作就像一场紧锣密鼓的战争，如果事先没有谋划，就草率行事，必然会像无头苍蝇一样四处乱撞，最后的结果往往是人忙得团团转，却不能把事情做好，甚至是越忙越乱，多做多错。可见事前谋划的重要性了。

事前谋划，就是为各种可能出现的情况做准备，把所有的主观、客观因素都考虑进去，对工作任务分清主次和轻重缓急，做一个全面、合理、详细的统筹安排。这样才能保证工作有条不紊地高效进行，即使有什么突发情况，也不至于方寸大乱，不知所措。所以，谋定而后动，这是每一名员工工作时要遵循的原则。

邓洁是一家工厂的文员，负责对厂里的生产数据进行统计、分析和管理。她平时最喜欢上网聊天，因此在开始这份工作之

前,她暗下决心要戒掉这个坏习惯。

上班的前几个月,邓洁还能比较专心地工作,但过了不久她就觉得这工作枯燥无比。每天面对那么多杂乱无章的任务,邓洁感觉自己头都大了,天天忙得手忙脚乱。渐渐地,在这种混乱的工作状态中,她失去了最初的激情。

工作枯燥,为了找点乐子,邓洁又开始用QQ上网聊天。她原来有2个QQ,最近为了偷菜又新开了一个小号。每天一上班,几个小企鹅就开始一个劲儿地在下面弹,让她手忙脚乱的,工作更加顾不上了。

因为上班的时候总是聊天,邓洁办事效率越来越低,手头积压了不少工作。领导交给她整理的材料,通常都要拖几天才弄完。因为这些事,她不知道被领导批评了多少次。

有一次,邓洁正在电脑前兴致勃勃地聊天,没发现领导已经走进了办公室。领导在邓洁背后站了几分钟,看她手忙脚乱的回复QQ好友的信息,才知道她工作效率为什么这么低。后来,领导把她叫进了办公室狠狠批评了一通,警告她下次不要在工作时间聊天。

挨了批评心里当然不好受,但邓洁也知道确实是自己做错了。为了改变这种不良的工作习惯,她为自己拟定了一份详细的工作计划。在这份计划里,她把每天应该做的事情都罗列了出来,并且优先标注了要完成的重要事宜。因为她知道,只有自己先谋划好了,才能够更好地去做工作。

有了这份工作计划后,邓洁不再觉得工作毫无头绪,也重新燃起了做事的热情。她的电脑上不再有两只小企鹅跳动的身影,取而代之的是办公桌上一摞摞码放整齐的资料。看到邓洁的这种改变,领导也露出了满意的微笑。

很多员工容易犯邓洁之前的毛病,工作中没激情、没效率,究其原因,就是因为工作杂乱无章,让人理不清头绪,感觉好像永远忙不完,所以渐渐失去了最初的积极性。这种状态当然对工作有害无益,好在邓洁及时地改掉了坏习惯,用拟定工作计划的方法,让激情和效率又回到了自己的身边。

一份好的计划无疑对提升我们的工作效率大有裨益,那么怎样才能让自己的计划不空洞,不流于形式呢?虽然每种工作都有自己不同的要求,但是不论哪种计划,都必须注意掌握以下五条原则:

第一,整体概念的原则。要以企业和部门的发展目标为基准制定个人的工作目标,不得与业务发展目标偏离。

第二,切实可行的原则。从实际情况出发,既不要因循守旧,也不要盲目冒进,要保证计划的可行性,目标要明确。

第三,目标明确的原则。在工作计划中,不仅要将任务情况介绍清楚,同时还应该明示此项工作考察的目标和实施的意义,以便于日后进行衡量和检查。

第四,突出重点的原则。要分清工作的轻重缓急,突出重点,以点带面,切忌眉毛胡子一把抓。

第五,任务分解的原则。如果有大的项目,持续时间很长,需要将其进行分解,并制作时间进度表,仔细监控每一步项目的完成情况。

拿破仑?希尔说过:“成功行动来自于事前的积极思考。”没有谋划,即便能有所收获,也只不过是碰运气,这样的成功是难以复制和持久的。所以,做一个会谋划的员工,才能把成功也列入谋划之内,才能成为企业中最需要的人。

2

随时掌控事情发展态势

只有根据事情的进展情况及时修正并做出调整,才能确保事情朝着既定的方向前进,否则就会因偏离目标而遭致失败。

了解事态发展是确定下一步行动的前提。事态每分每秒都在变化,如果不能感知和顺应这种变化,再好的计划也只能是“刻舟求剑”,让最终的结果和初始的方向背道而驰。所以,只有根据事情的进展情况及时对策略方法做出调整,才能确保事情朝着既定的方向前进,否则就会因偏离目标而遭致失败。

任何事情的进展都会受到多种因素的影响,有些因素是我们一开始没有意识到的,只有在事情真正开始做的时候,这些因素才开始发挥作用,给我们带来意想不到的麻烦。因而,在认真做事的同时,我们还要密切关注事情的发展,只有这样才能随时掌控事态,注意到那些被我们忽略而又事关成败的因素。

随时掌控事情发展态势,就要随时了解与所做事情息息相关的局势的发展。因为局势塑造未来,任何员工做任何事,如果不顺应局势,他所遇到的阻碍因素将倍增,而对其有利的条件要么难以出现,要么残缺不全,事情将很难推进。反之,顺应局势,则自有他人帮助,所需条件自会得到满足,阻碍因素将最小化,而有利条件则将最大化。

一代巨商胡雪岩,就是一个善于把握事情发展动态的人,他之所以能够成功,也正是得益于这一优点。

胡雪岩十几岁就进了钱庄当学徒,后来他决定自己开钱庄,用钱生钱!但万事开头难,尤其是钱庄这一行,谁敢把血汗钱交给一家刚刚开业、资本不足而又缺乏信用证明的钱庄呢?

胡雪岩没有被这个看似无法克服的困难吓倒。其时正值太平天国运动晚期,虽然太平军当时还没有出现溃败的苗头,但胡雪岩料到太平天国起义终将被清王朝镇压下去。多年的战乱之后民心思定,太平军虽然在前期攻城拔寨,势如破竹,但并不能巩固自己的既得势力地盘,上层领导者很快开始腐化堕落的生活,既定的政策也没能很好的落实,这让百姓对其失去了信心;同时,以曾国藩、李鸿章等为代表的地方汉族地主武装在朝廷支持下开始壮大起来,并开始顶替清朝日渐空虚的主力——八旗兵和绿营兵。虽然在初次交锋中地方武装开局不利,但很快就在地方势力的支持下站稳脚跟。

官军收复杭州时,胡雪岩就预感到太平军将出现溃败。同时他注意到,许多太平军官兵开始为自己寻找退路,他们想方设法隐匿自己在战争中夺来的财物。于是,他产生了一个大胆的想法——可以把这些太平军的私产当做是第一笔存款!如果自己对局势的分析是正确的,就可以顺利地从他们手里筹集大量资金。当时没有哪家钱庄敢接这笔钱,太平军的将士对于朝廷来说就是乱臣贼子,谁也不清楚朝廷将如何处理这些人,贸然接受他们的钱,担当的风险实在太大。所以,那些官兵只有把钱存进唯一肯接受这些钱的地方——胡雪岩新办的钱庄。

胡雪岩知道自己在冒险,但他最后还是下定决心去做,并且为存款的太平军官兵提出了一个特殊的条件——他们的存款没有利息。尽管条件很是苛刻,但几乎所有人都立即答应了这个条件,对那些急于将钱隐匿起来的太平军将士来说,只要能确保自己的钱财没有损失就已经够了,他们此刻不仅没将胡雪岩的钱庄看成是强盗,反而看成是救星。

就这样,胡雪岩顺利融集到了一大笔钱,他的钱庄生意也开始起步了……

如果没有这种对局势的把握能力,没有随时掌控事情的发展态势,恐怕胡雪岩的钱庄生意就只能是自己的一个梦,他也不可能成为晚清时期的红顶商人——洞察事态,顺应大势,让他将不可能变成可能,在乱世中紧紧抓住了成功的机会。

随时掌控事情的发展态势,是一种大智慧。观察那些在事业上取得成就的人,必定都是有这种大智慧的人。无论是在顺境还是逆境,无论事态是否朝着顺利的方向发展,他们都能先人一步敏锐地观察到事态中有利的变化,从而化被动为主动,化不利形势为自己所用。

想要在事业上和他们一样取得成功,我们就要学习这种随时掌控事态的大智慧。了解事态才能顺应大势,顺应大势才能掌控事情,掌控了事情,我们才能在工作中沉着冷静,充分发挥我们的智慧,并先人一步,嗅到成功的机会。

3

不仅要正确做事,更要做正确的事

我们所有的工作问题都源自于不能更正确地做事。

著名思想家艾柯夫曾说:“我们所有的社会问题源自于更正确地做错误的事情。只要我们做的是错误的事情,不管方法如何有效,都不能达到想要的结果,因为一开始就走错了方向。”在艾柯夫看来,做错误的事情越有效率,就会变得越错误,错误的做正确的事情远比正确的做错误的事情要好!

在日常工作中,许多员工做事只重过程,不重结果,上司要他们做什么就做什么,制度规定做什么就做什么,流程中确定他们做什么就做什么,他们从来不关注为什么要这么做,这么做是要达到什么结果,更不关注该结果是否顺利实现了。于是照章办事,只重过程不看结果,就成了他们的做事习惯。可以说,这样的组织,这样的员工都是没有前途的。

有一家餐饮企业决定新增一家分店。在分店筹建期间,因预算中有一项费用超标5000元钱,结果负责审核的部门将此预算否决。负责筹建分店的负责人前往该部门周旋无果,等按要求将预算改完、审批通过,时间已经过去了3个多月,其直接结果是分店延后3个月才开始营业。

如果以行业平均营业额40万计算,延后3个月开业造成的损失至少有120万元,就因为5000块钱而造成了120万元的收益损失,这是个值得人深思的事情。

我们似乎不应责备负责审批的管理者,因为他在“正确的做事”,按照公司的规定,预算费用超过公司的既定标准,就不能予以审批通过,他只不过严格执行了这个规定。但因5000块钱而造成120万的损失,这个结果应由谁来负责?显然,很难找到应为此负责的人，这违背了以结果为导向的原则。而不注重结果，任何员工，做任何工作，都将偏离正确的轨道，都将因错误的选择、错误的决策而支付额外的代价。

只有达到了想要的结果，事情才算办好了，目标才能顺利实现。而不看结果，只讲过程，常常陷入一种瞎忙活的状态之中，白费了力气自己还不知道。

正确的事，就是能从中得到我们想要的结果的事。做正确的事是一种明智的选择，一种大智慧。不管我们从事何种事业，在具体做事的过程中，去判断什么事该做是高手，能清醒的认识到哪些事不该做是高手中的高手，只有这种明智的判断，才能确保我们得到自己想要的结果，才能在工作中减少不必要的付出和浪费。

只有明智的选择正确的事来做，我们才能把握事情的主动，才能避免在不该做的事上浪费资源、精力和时间。明智的选择正确的事来做，让我们处于人选事做的主动状态，远离事找人做的被动状态，从而将一切置于我们的掌控之下，避免麻烦不断地出现。

很多员工在做事时会犯两种错误。一种是本应该做的事情而没有去做，这称之为“当为不为”，另一种错误是做了不应该做的事，这称之为“不当之为”。“当为不为”这种错误很难或者不可能被纠正，因为当我们发现应该去做某事时，我们已经错过了做该事的时机，就像上面那个案例中，当负责审核预算的管理者发现应该及早通过那个超标的预算时，他已没有改正的机会。更重要的是，许多“当为不为”的错误还很难被发现，也不会被纳入管理者的考核范围，但“不当之为”却并非如此。结果，“不当之为”就成了唯一被追究责任的错误。

如此看来，做正确的事，而非仅仅正确的做事，才是员工们避免各种错误的最佳策略。

因而，做事之前一定要搞清哪些事该做，哪些事不该做，只做该做的事，放过不该做的事，这样才能事半功倍。

4 学会借用他人的能量

他人的力量是一座矿藏丰富的金矿,只要我们善于利用,那么在无形中就为我们的工作、我们的生活插上了一对翅膀,帮助我们跨越一道道险阻,踏上成功的巅峰。

中国企业联合会下属的一个调研机构曾经做过这样一次调查,结果显示:员工所获得的收入中,有12.5%来自自身的知识技能,另外87.5%则来自于与其他员工的协同工作。这个调查报告,再一次向我们证明了——学会借用他人力量,是成长为一个会做事情的优秀员工的重要因素。

沈飞是一家路桥建筑公司的员工。一天,上司让他和同事一起核算一个建筑项目的费用。为了尽快完成任务,沈飞和同事进行了分工,各自集中精力完成自己的那一部分。然而,核算进行到一半的时候,沈飞对项目中的一项运算把握不准,不知道核算公式是否正确。

他左思右想,始终没有想起正确的公式,也没去请教自己的同事——尽管对方曾经明确表示过,有什么问题都可以来问他,但沈飞不想让同事觉得自己的工作能力逊色于他,更害怕传到上司的耳朵里,影响自己在上司心目中的形象。

犹豫再三,沈飞最终还是按照自己印象中的公式进行了核算。结果,沈飞真的把公式弄错了,预算费用出现了很大的误差,由于这个误差,项目发生了一系列事故,给公司造成了巨大的损失。沈飞最终也被企业解雇。

因为不肯去借用别人的力量,导致个人和企业都遭受严重的损失,这个案例确实引人深思。如果当时沈飞肯虚心地去向同事请教,借用同事的力量,必将不会给企业造成这么大的损失,也不会亲手葬送了自己的工作。

花嵘是一个和沈飞不同的年轻人,他善于在工作中借用别人的力量,最终不但成就了企业,也成就了自己。

花嵘现在是一家电子厂的销售经理,聪明能干,业绩出色,一直是同事们羡慕的对象。可是,花嵘的成功之路并不是一帆风顺的,他刚来到这家工厂的时候也曾经遭遇过一段低谷。那时,花嵘对销售工作还很陌生,又没有什么人脉关系,所以销售业绩非常之差,经常被上级领导批评。尽管面临重重困难,但花嵘还是坚持在工作中学习,积极地向公司中那些高手请教。起初,大家因为害怕竞争不愿意教他,但久而久之终被花嵘的诚意所感动,传授给他很多销售的技巧。在同事们的帮助下,花嵘进步飞快,没过多久就成长为了工厂的业务骨干。后来,因为业务上的突出表现,花嵘成功晋升为销售部的经理。

沈飞遇到工作上的困难只会依靠自己的力量,所以栽了一个大跟头,而花嵘却懂得主动争取获得别人的帮助,最终从工厂的普通员工一跃成为了管理人员。由此可见,个人的成功,从来都离不开他人的相助。仅依靠自己的力量解决好一切问题是天方夜谭,要想将工作做得更好,在激烈的社会竞争中脱颖而出,就一定要懂得合理的借用他人力量。

那么,该如何更好地借用他人的力量呢?

首先,不要在乎面子问题。很多员工认为向别人请教是一件很没面子的事情,事实恰恰相反,谦虚好学、学会借用他人的力量是一种优秀的品质,是值得别人尊重的人。

其次,不要把业绩看作个人的"私有物品"。在工作中遇到不懂的问题时,一定不要遮遮掩掩,认为向别人请教会影响自己在公司的地位。一旦因为你不懂的问题而导致工作出现问题,那么就会给你带来更大的损失。因此,在工作中出现问题后,要坦率地把问题拿出来和大家"分享",和同事共同探讨,共同学习,取长补短。

所以说,他人的力量是一座潜力无限的金矿,只要我们善于利用,那么在无形中就为我们的事业我们生活插上了一对翅膀,帮助我们飞越一道道险阻，踏上成功的巅峰。

5

主动争取才会有机会

机会稍纵即逝，犹如白驹过隙，只有主动出击，敢于决断，才有机会博得幸运女神的青睐。

美国哈佛大学一位心理学教授指出，一个人在一生当中能否获得成功，智商的高低并不是决定性的因素。不少获得重大成就的人，智商其实并不怎么高。他们的成功，主要依靠后天的勤奋努力和个人的主动争取。所以，要成为一名优秀的员工，就是要学会主动争取机会。

某知名广告公司准备招聘一名策划经理，薪酬待遇相当有吸引力。招聘消息一出，公司人事主管的邮箱都快"挤爆"了，应聘的人当中不乏高学历、经验丰富的广告人才，可见这个职位的竞争之激烈。

在筛选简历、首轮笔试、面试过后，人事主管心里有了三个待定的人选，王毓琳就是其中一位。跟其他两位对手相比，王毓琳的优势并不明显，甚至可以说略逊一筹，他不如第一位的学历高，也不如第二位的人脉广。人事主管之所以会留下他，是因为他年轻、有活力，而且是个有自己独到见解的人。

三个人在复试中的表现也都不相上下，主管依然没有打定主意，只是让他们回去等消息，一周之内公司会给答复。

第一位回去以后，继续研究以前的广告策划案例，他对自己的专业水准非常有信心，想着如果能获得这个职位，自己一定要拿出全部的实力，在公司内打好漂亮的第一仗。

第二位回去以后,就不如第一位那么用功了。他在该行业有七八年的工作经验,圈内交际广泛,这次应聘也是朋友推荐的。俗话说“熟人是个宝”嘛,所以对于应聘的结果他一点也不着急,似乎觉得成功是十拿九稳的事情。

王毓琳就不一样了,他深知自己的劣势所在,他认为如果不主动争取,摆在自己面前的甚至连三分之一的成功几率都没有。所以,当晚王毓琳熬了一个通宵,写了一封很长的自荐信,信中详细地列举了自己能胜任这个职务的十个理由,第二天清早就发给了人事主管。

收到信以后,主管被王毓琳的主动、勇敢、自信所吸引了,就主动致电给他:“我对你的那十个理由很满意,你什么时候有时间,咱们面谈一次?”

王毓琳简直无法形容自己当时内心的激动了,他很庆幸自己写了那封自荐信,也暗暗告诉自己一定要把握住这次来之不易的机会。接下来一切都很顺利,面谈进行得很愉快,王毓琳充分展示了自己的广告策划天赋,一些独到的创意令主管大为赞赏。

交谈的最后,主管伸出手,微笑着说:“恭喜你,三天后请到公司办理入职手续,我很期待你今后在公司的表现。”

天上不会平白无故的掉下金子,只有主动争取,才能抓住身边成功的机会。然而,在工作中,有多少员工能像王毓琳那样主动出击,积极把握眼前的机遇,从而改善自己的工作状态呢?

假如你以前不常和主动争取打交道,那么从现在开始就要把主动争取当成你的“至交”。

首先,不要再甘愿让命运牵着鼻子走。被动的心态就像一条隐形的细绳,将麻木的你和其他麻木的人紧紧拴在一起,变成失败的奴隶。如果你不主动争取,即便是机遇,也会从你的手中滑落。唯有把握主动,想自己应该想的,做自己想做的,才会有机会赢得自己应得到的一切,成为一名优秀的员工。

其次,要有自己的目标,有自己的计划。在工作中,你不能等别人为你铺好路,自己的路要自己走,即使犯错了,也只有在错了后才能创造出一条属于自己的路。现实中,大多数人碌碌无为,就是因为没有一个明确的目标。

最后,要为你的目标积极地做准备。只有这样在机会来到时才不会错过,才会获得主动把握机会的权力。如果你志在钓一条大鱼,那么你就必须为那条可能出现的大鱼准备好一切。否则即使钓到了大鱼它也会溜走。

珍惜时间,把握机遇,就是创造成功,珍爱自己。机会稍纵即逝,犹如白驹过隙,只有主动出击,敢于决断,才有机会博得幸运女神的青睐,你才会成为一名优秀的员工。

6

伺机而动:看准时机马上出手

行动需要瞅准时机,有利的时机可以让我们具备更多成事的条件。

君子藏器于身,待时而动。成事需要内外部条件的结合,空有本事而不懂得待时而动,可能会遭遇不必要的挫折,你总是企业里那个最不起眼的员工。

做事不能贸然行动,而应耐心等待时机,时则动,不时则静。在时机成熟时行动,外部的有利条件最多,不利条件最少,自然有助于成事;反之,在时机不成熟时行动,则外部的不利条件较多,而有利条件较少,此时遇到的阻碍更大。

观察时机,然后在外部条件一旦成熟马上出手,才能做好工作。而只凭主观愿望做事,不顾外部的条件和机遇,常常会使得行动搁浅。

成功的员工都懂得伺机而动,他们都是能敏锐感知时机的动物,一旦时机到来,内外部条件达到最佳,他们就会像猎豹扑向猎物一样快速出手,从不迟疑。而当时机不够时,他们则坐观其变,绝不拿有限的资源和力量去冒无谓的风险。

孙辉是一家电脑公司的推销员,他有着聪明的头脑和高超的营销手段。来这家公司一年多,他在工作中做出了突出的业绩。

有一次,孙辉去一家大企业推销自己的电脑。在拜访这家公司前,他先以一个客户的身份去该公司探查了一番。结果他发现,那家公司的电脑已经有些陈旧了,看上去是几年前的产品。

这次回去后孙辉并没有贸然拜访,而是仔细调查了一番。半年之后,他又来到这家公司,不过这次是以一个推销员的身份。在和对方的采购部经理进行谈判时,对方坚称自己并不需要新的电脑。孙辉淡淡地说道:"经理先生,我这次是有备而来的。半年前我来过贵公司一次,仔细调查了你们电脑的使用情况。你们所用的这种牌子的电脑,一般寿命是三年。而现在已经是第四个年头,如果不及时更换,恐怕会给工作带来影响。"

对方的经理听了孙辉的话后吃了一惊,但随即恢复了平静,他对孙辉说:"你可真是一位厉害的推销员,能把客户调查的这么仔细,不过现在我们的确没有购入新电脑的打算。"

孙辉回道:"我只是建议你们购买新的电脑,如果因为电脑的质量问题而影响正常的工作,损失恐怕会很大。如果你们需要购买我的产品,请及时联系我。"说完,孙辉留下了自己的名片,然后起身告辞。

过了一个月左右,那家公司的经理打来了电话,他带着一丝无奈的语气对孙辉说:"先生,当初真应该接受你的建议,最近因为电脑的故障,我们失去了好几位重要的客户。现在请把你们的资料发来吧,如果觉得价钱合理我们会从你们那里购置一批新的电脑。"

就这样,孙辉凭借自己的智慧赢得了一笔大订单。

克拉克有句名言:愚蠢的行动能使人陷于贫困,迎合时机的行动却能令人致富。上面这则故事就是对这句话的最好诠释。

选择更好的时机去行动,就可以规避掉很多不必要的风险,同时让自己将工作做到最好。

但把握时机也并不是那么容易,这需要有一个始终清醒的头脑,同时要冷静分析事物每一步的发展状态。通过比较从中找出最合适的时机。

把握时机的另一个重点就是发现了时机要马上去做。有些员工一直在伺机而动,结果都因为行动过慢,导致很好的机会从眼前白白溜走,一直都处于等待的状态之中。

工作中别冲动,该出手时再出手,这是聪明员工的行为准则。一旦你也掌握了个中的诀窍,也能让自己的工作变得更加容易,享受到聪明工作的乐趣。

7 稳扎稳打,循序渐进

稳扎稳打、循序渐进,看似缓慢,却能将风险降到最小。

一棵树木,如果生长的很快,显然这棵树木的树干就会空而不实,轻浮而不坚固。那些黄花梨木、紫檀木、红木等名贵木材,都因质地细密坚硬、持久耐用而成为上等木料,而这些名贵木材的另一大显著特点就是生长缓慢。

正因为黄花梨木、紫檀木和红木生长非常缓慢,其质地才会充实、坚固,进而成为备受人们珍视的上等木材。可见,稳扎稳打、循序渐进,才能做到“稳”和“实”。

稳扎稳打,循序渐进是那些优秀员工最常采用的工作策略,也往往是最有效、最可行的策略。

只有打牢地基,才能筑起高楼大厦;只有稳固根基,才能长成参天大树。而稳扎稳打、循序渐进,就是一种固本强基的策略。

北京平谷区有一家拖拉机厂,这家工厂里有一个叫李峰的员工。他虽然工作能力一般,但却有着一颗好学的心。

有一次,李峰在组装机器的时候不小心遗漏了一个零件,正巧被自己的师傅发现了,少不了一顿批评。其他人都纷纷说他师傅太过严厉了,但李峰却乐呵呵地说:"幸亏有这么好的师傅,我才能每一天都能进步。"

话是这么说的,实际工作中他也是这么做的。李峰每天都跟着师傅跑来跑去,一门心思学技术,从来不想多余的。这家厂子的老板是他的远房亲戚,有一次说要提拔他做部门经理,李峰连忙谢绝,说自己能力还不够,靠关系上位没什么好处。

就这样,李峰又在基层做了三年多,技术越来越好,成为了厂里的业务骨干。在原来的班组长离职之后,李峰被大家一致推选为新的部门经理,这次李峰没有推让,因为他知道自己的能力完全可以胜任这份工作了。

不论是在生活中还是在工作中,一步登天,看上去是很潇洒惬意,但如果一不小心踏空了,摔下来同样很惨。所以,每一名员工都应该在工作中稳扎稳打,不要总是好高骛远,这对未来的职业发展没有什么好处。

淅淅沥沥的雨滴不断地拍打着张伟家的玻璃,张伟的父亲躺在床上休息,想着晚上给儿子做什么好吃的。就在这个时候,张伟气冲冲地走了进来,身上的衣服全湿了,头发被雨水强制性地"按"在了额头上。

张伟的父亲见状,一股脑地爬下床:"孩子,你这是怎么了?下着雨,你竟然连伞都不打?小心感冒啊。"

"我是知名高校毕业的研究生,难道比不上一个高中生吗?为什么让他做主管,而我只是一个下属?"张伟似乎没有听到父亲说的话。

父亲终于知道张伟为什么这样了,于是走过去拍了拍张伟的肩膀:"孩子,你说一个小孩儿是先学会走路的呢?还是先学会跑路?"

张伟毫不犹豫地说:"当然要先学会走路了。"

说完这句话,张伟不由得明白了什么,张伟的父亲笑了笑:“这就对了,你现在还没有学会‘走路’,怎能想着‘跑路’?别人虽然是高中生,但他经验丰富,早就学会了‘走路’。而你呢?研究生刚刚毕业才半年,所以你现在最重要的就是先学会‘走路’。”

张伟终于豁然开朗,从那以后,他再也不会因为自己的高学历高傲自大,也不会因为别人获得的比自己多而心灰意冷。因为张伟知道,任何事情都不能急于求成,“万丈高楼平地起”,自己最主要的就是打好“地基”:他稳扎稳打,不断地汲取别人身上的优点;有不懂的就问身边的同事或者领导,哪怕别人的学历不高。

就这样,在短短4个月的时间内,张伟的能力突飞猛进。第五个月的时候,公司领导就决定提拔张伟为部门的业务经理。

张伟之所以能够获得最后的成就,主要就是因为他明白了一个道理,凡事都有一个循序渐进的过程。纵然自己能力过人,纵然自己有高学历,要想在工作中做出一番伟业,成为公司的主干力量,同样需要打好基础。这也就告诉我们,无论做什么工作,都要脚踏实地,从点滴做起,急于求成只会让我们止步不前。

稳扎稳打、循序渐进,看似缓慢,却能将风险降到最小,能让我们在面对陌生的环境、陌生的领域时有一个适应过程,让我们在缓慢推进中不断调整、不断提高,最终成长为一名合格的员工。

8 舍得短利才能得长利

舍得短利而得长利,是一种睿智。

舍得短利而得长利,是一种韬略。

舍得短利而得长利,是一种胸怀。

短利就像一潭死水,终有取完的一天;长利就像一泓有源头的活水,用之不尽,取之不竭。舍弃短利,才能获得长利,才能在日后的工作中取得更大的成就。

舍短利而得长利,是每一名员工的行动指南。因为短利虽好,却不长久,攫取短利是目光短浅的做法。一名只顾着眼前利益的员工,他的眼光永远都不可能放得长远,所以他也就难以迎来真正的成功。

易立是一个既平凡又不平凡的保险业务员,说他平凡,是因为他相貌平平,放在人堆里马上就能没影儿。说他不平凡,是因为他凭借着自己的努力,让很多人改变了保险不好的印象。

易立刚开始工作的时候,也曾遭遇了不少的尴尬,因为大家似乎习惯于把卖保险的和骗子画上等号。但是,易立却用后来的实际行动向人们证明:买我的保险,买得安心,最终是放心。

有一次,易立花费了一个多月的时间接洽一位客户,历经漫长的拉锯战终于敲定了合同,就差最后的落笔签字了。可就在这个时候,公司突然传达了一个决定,一批险种将进行调整,其中就包括这个客户要购买的险种。更改过的险种,比以前的保障权利少了很多,如果把这个拿给客户看,很难想象对方还会继续签合同。

其实易立可以假装不知情,先让客户签订合同再说,可是他并没有那么做。虽然做成这笔生意很重要,但他更加重视的是自己的信誉。如果这次欺骗了客户,那么以后就要名声扫地了。

易立拨响了客户的电话,把这件事原原本本地告诉了客户。没想到的是,客户不但没有中止签约,反而还大赞易立的职业操守,自己签了合同的同时,又介绍了几个新客户给他。

想要成为优秀的员工,就要有这种舍弃短利、谋求长远利益的战略眼光,这是在激烈的竞争中获得有利地位的正确选择。

一位怀着"当一个著名主持人"梦想的大学生,在毕业后来到了省里的电视台工作。他在这里做了三年的时间,没有计较过薪酬的多少,也没有抱怨过工作有多累。

有同事看他什么都不争,就在背后笑话他是傻子,还有人更是有意把重活累活都推给他做。但即使是这样,年轻人也一直都没有知难而退。

他并不是什么傻子,他来这里不是为了钱,而是为了学到更多的知识,开拓自己的眼界。在这三年里,他一直都在跟随一位知名的主持人,观察他的主持技巧,学习他的应变能力,没有一刻松懈过。

他在这家电视台默默无闻地工作了三年,终于等来了自己的机会。有一次台里新开办一个频道缺少主持人,年轻人自告奋勇去试镜,结果战胜了其他的竞争者,正式从幕后走上了台前。直到这个时候,当初那些嘲笑他的同事才发觉,原来真正傻的是说人家傻的自己。

只顾眼前利益,得过且过,而不谋求长远发展。就犹如杀鸡取卵,可以获得一时痛快,却不能拥有长久的安逸。

工作中的竞争无时无刻不在进行,鼠目寸光的员工必将被涌来的社会浪潮所淹没。目光远一点,智慧多一点,心胸广一点,学会舍得短利而得长利,才能在未来获得更多的成就。

9

敢于冒险:关键时刻勇赌一把

关键时刻,敢于冒险,就是为自己创造机会。

没有挑战、没有冒险的生活就像西边的落日、沉寂的死潭。一名员工如果只安于现状,畏首畏尾,就永远都不会取得成功。

冒险对员工成长的重要性毋庸置疑。为什么有些人在企业里一直庸庸碌碌,又为什么有些人能够从普通员工走上领导的岗位?人与人之间的能力其实都是差不多的。成功的员工之所以成功,就在于关键时刻敢冒险,会冒险,这才使得他们实现了人生的飞跃。而不懂得冒险的那些员工,并不乏能力优秀者,可惜他们只具备了成功的素质,而不具备成功的胆识。

成功固然离不开冒险,但也应该懂得如何去冒险。什么风险可以冒,什么风险不可以冒,何时应该去冒险,何时不应该冒险,这些都是非常重要的。我们要有冒险精神,更要懂得怎么样去冒险。如果不懂得这些的话,那么很容易处处碰壁。

那么,在冒险的时候应该注意些什么呢?

第一,要敢于冒险

敢于冒险是你得到更多机会的前提。许多员工面对良机而迟迟不肯行动,就是因为他们

不敢冒险,害怕失败,害怕损失,害怕受伤,害怕别人的嘲笑,结果他们能利用的机会越来越稀少。

有两颗相同的种子,同时被抛到地里,一颗种子想:“我得把根扎到泥土里去,努力的生长,要走过春夏秋冬,要看到更多美丽的风景”。于是,它努力的生长,在一个金黄色的秋天,它收获了,看到了心中期盼的风景。

而另一颗种子则认为:“我若向上生长,可能会碰到坚硬的石头;如果向下生长扎根,可能会伤到自己的神经;我若长出幼苗,可能会被牛羊吃掉;若开花结果,可能会被一些不懂事的孩子连根拔起。还是留在原地不动的好,那样多舒服自在。”

结果有一天,一只觅食的公鸡,三啄两啄,便吃掉了它。

每一个生命都蕴藏着无限的可能和美丽,但每一个生命却有着不同的命运。一颗种子选择了冒险,它就可以探出头来发芽开花,看到更精彩的世界;另一颗种子选择原地不动,却成了家禽腹中的食物。

第二,不盲目冒险

盲目的冒险让失败的风险倍增,还会挫败你的锐气和希望。每名员工在艰难跋涉的追求

之路上，都应选好时机，再去冒险。

适度的冒险让我们更多的接受挑战，挑战事业，更挑战自我。在挑战中我们能积累更多经验，得到更大的锻炼和提升。经历过各种挑战的人自会沉着冷静，拥有更加强大的工作能量。

第三，冒险要看时机

要想获得成功，冒险是很有必要的，但在冒险的时候也应该注重选择时机。在错误的时机进行冒险，非但不会帮助你成功，反倒有可能导致你失败。只有在正确的时机选择了勇敢前进，才能让你抓住成功的机遇。

郭蓉是杭州一家电器制造厂的员工，她的成功就得益于在合理的时机选择了冒险。

刚来到这家企业时，郭蓉从事的是文员的工作。这份工作很轻松，又有着不错的工作环境，对于一个刚毕业的小姑娘来说已经很不错了。可是，郭蓉干了一段时间后，却发现这工作虽然安逸，但却没有什么好的发展前途。

思前想后，权衡利弊，郭蓉主动要求调换到生产部，成为了一名普通的生产工人。放着好好的办公室不坐，偏偏要来又脏又乱的车间里做事，郭蓉的行为让很多人都感到不解。其实郭蓉也很清楚，这个选择是一种冒险，可是如果不冒险，也许自己就永远都没有提高，所以她始终坚持自己的选择。

在车间里，郭蓉每天认真地学习生产知识，还经常翻阅相关书籍为自己充电。凭着刻苦与努力，她很快就成长为了车间里的技术能手。由于学历比较高，又有突出的工作能力，所以郭蓉的职业发展之路也很顺利。没过几年时间，她就成为了生产部门的主管。再谈到当年那次决定时，郭蓉满脸笑容，感慨地说道：“没有那次冒险，我肯定不会取得今天的成就。”

风险可能会导致你失败，但也会使你获得意想不到的收获。不冒风险看似安全，但它只会使你变得越来越平庸。

越是想安于现状，越不能安于现状，各种偶然的因素会使你的工作充满艰难。相反，坚定地树起奋发向上的信念，敢于冒险，敢于承受风雨的洗礼，就一定能够成为一个企业的骨干员工。

第七章 “笨”做：有时“笨方法”才是最管用的方法

一千次空想，也比不上一次实干。企业里最缺少的不是“聪明的想法”，而恰是“笨的做法”。这里说的“笨”方法，是不求取巧，是埋头苦干、反复研究，将每一件小事执行到实处，将每一件难事重复一百遍直到熟练为止。

1

实干精神：停止空谈，认真去做

做人要像疯子一样的幻想，做事要像傻子一样的投入。

在一次接受记者采访的过程中，当谈及成功的秘诀时，马云语出惊人："做人要像疯子一样的幻想，做事要像傻子一样的投入。"记者不解，马云解释道："因为没有幻想就没有创新，而没有投入和苦干，幻想永远只是一张白纸。"

马云的成功哲学幽默、精辟、一语中的。可惜大多数人只做到了"像疯子一样的幻想"，而没有做到"像傻子一样的投入"，生活里的梦想家总是多过实干家，这也就是为什么成功者总是多过失败者的原因。

有梦想本身当然是好的，有了梦想才有方向，但仅有梦想远远不够，要想把梦想变为现实，还需要脚踏实地地去做。每个员工都可以拥有梦想，如果只想不做，就是在做白日梦，唯有实干才是让梦想通往现实的唯一道路。

你想在事业上有所成就吗？那么就从现在开始停止空谈，认真去做吧！因为舍此别无他途。成功者的一大共同点，就是有一种深入骨髓的实干精神——他们是梦想家，更是实干家，而梦想加实干，帮助他们成就了一番让人惊羡的事业。

有个被称为"聪明人"的员工，他很喜欢思考，总会在工作的时候，脑子里突然迸发出一个个奇思妙想。这些对工作上有帮助的想法和创意一闪而过的时候，他就总想着：这些小创意太小，还不足以让领导对他引起注意，等有了更宏大的创意再说。

于是,便没有把它们记录下来,时间长了,这些工作上的小创意也被他忘掉了。

不久以后,他有几个同事升职了,原因就是他们在工作中发挥了一些小创意,显著提高了员工的工作效率。"聪明人"在失望之余还吃惊地发现,那些同事的小创意,竟然与他以前的许多想法不谋而合。不同的只是,他没有把它们记录下来并且在工作中实施。

由此可见,再优秀的创意也需要我们做出来,把它从一个虚有的想法变成能看到的成品。再好的创意只停留在我们的脑子里都是没有任何价值的。

实干精神,就是要去做。不要去想不可能,不要去想可能失败,不要去想条件不够,不要去想要冒风险,因为你原本就一无所有,谈何失败、谈何风险、谈何可能、谈何条件,一旦你下定决心付诸行动,你的实干将立即改变这种状况,使不可能变得有一点点可能,使铁定的失败变成有些微成功的希望,使不充足的条件开始不断完善,使100%的风险降到99%。

实干需要我们全力去做并不断重复,当我们做到极致时,别人就很难超越我们;实干需要我们埋头做事,遇事不要总抱怨,与其抱怨外部因素,不如从自身找问题;实干需要我们不怕吃苦,只有开头肯吃苦,以后才能少吃苦。

有几个年轻职工在周末相约一同去旅行,一开始大家兴致都很高,长期生活在城市的年轻人,很少有机会能这么近距离欣赏山野的景色。大家说说笑笑,一路走一路拍摄沿路的风景。

走了很长的山路以后,大多数人累了,而且也有点乏味,因为一路上的风景都差不多。于是大家提议停下来休息。结果旅行的后半段时间,许多人不是躺在树荫下睡觉就是结伴一起打扑克。

在返回城里的路上,大家互相翻看彼此相机里的照片,发现有几个趁大家休息的时候继续旅行的年轻人拍到的风景是那样别致,而且这些风景,多数人都没有看到过。有山溪里游泳的鱼儿,有盛开在农家院墙上的野花,有停在树梢上的云朵,还有隐密在树林中的涵洞。这些精彩的照片让大家都觉得自己是白来了一趟。

其实，对多数员工来说，我们日常的工作又何尝不是一个越走越乏味的旅行？像在旅行中的人们忘记了自己要看到最好的风景的初衷一样，我们的员工也会在工作中渐渐忘掉自己工作的最终目标。而坚持走下去的人们，不仅会看到别人看不到的风景，还能把最美丽的风景带回家。

实干需要我们量化工作，既不浩叹理想过于高远，也不落入好高骛远的陷阱；实干需要我们脚踏实地将小事做到位，实干需要我们锁定目标不分神，实干需要我们勤动手，随时把宝贵的灵感记下来，这是解决难题的金钥匙；实干需要持续提升，哪怕每天进步 0.1，坚持下去就会成功。

没有实干，一个好的工作构想或许就只剩下空谈；没有实干，一个工作任务还没有开始，就倒在了起跑线上；没有实干，一个员工的理想，就会困于无法实现的境地。实干，是不屈命运的最好脚注。

2

成功就是全力去做并不断重复

不断重复去做一些事，在重复中不断改进、加强，就能得到自己想要的结果。

很多人在试图寻找成功的秘诀：是才华？能力？或者是时机和运气？其实，成功没有秘诀，也从来没有什么捷径可走。一个员工成功与否，并不在于他做什么工作，也不在于他拥有多少能力，而在于他是否能够尽最大的努力去完成这项工作，因为唯有竭尽全力才能将自身的能力全部发挥出来。一项工作也许面临重重困难，看似不可能完成，但只要你全力以赴，不断重复地去做，成功最终将会属于你。

人的一生也许只能做好一件事，如果你什么都想做，什么都半途而废,那么成功只会与你背道而驰。只有不厌其烦地去做一件事,做到极致,才能到达理想的彼岸。全力以赴,坚持到底你就是赢家。不断重复去做一些事,就会在重复中得到改进、加强,进而得到自己想要的结果。

有一位著名的推销大师,一生中取得了许多惊人的成就,在他即将退休的时候,应人们的请求,将举办一次告别演讲。

人们为了获知成功的经验,纷纷赶来观看这次演讲。演讲的那一天,场上座无虚席,所有人都期待着一场激动人心的演说。

演讲开始,大幕徐徐拉开,舞台的正中央现出一个硕大的铁球,高高地悬挂在空中。大师面带微笑地走了出来,在场的观众没人知道他要干什么。

大师站在台上对观众说:"请两位身体强壮的人到台上来"。很快,就有两位男士自告奋勇上了台。工作人员示意两位男士用大铁锤敲打吊在舞台中央的铁球,直到把铁球荡起来为止。两个年轻人接二连三地敲着吊球,尽管他们累得气喘吁吁,可铁球却毫无动静,台下嘘声一片。

这时,推销大师拿来一个较小的铁锤,认真地敲了起来,一下又一下,并不停手。人们奇怪地望着他,不明白他到底要做什么。

10分钟过去了,20分钟过去了,30分钟过去了,大师依然在重复这个动作。会场早已开始骚动,有人大声宣泄着不满,也有人失望地离去。大概快到40分钟的时候,前面的人突然尖叫了起来,大声说道:"球动了!"大家朝台上望去,果然发现球以很小的幅度动了起来。

大师并没有停手,继续重复着同样的动作。随着他的敲击,球的摆动幅度也越来越大,最终剧烈地摇摆了起来。现场的观众目睹了这一奇迹,纷纷鼓掌喝彩。

演讲结束的时候,大师说了一句话:"在通往成功的道路上,只有不断重复才能有所收获。如果你没有耐心等待成功的到来,那么只好用一生的耐心去面对失败,总有一天那一次一次的失败会汇集成为巨大的潮流,将我们推向成功的彼岸。"

大师的话让我们深思:“用一生的耐心去面对失败。”这需要多大的毅力和勇气?诚然,人在做事的时候,难免会因经验不足遇到挫折,甚至失败。在挫折和失败的打击面前,我们如果放弃了,那么之前所有的努力就全都前功尽弃了。

摆在面前的困难就像那个大铁球,如果需要敲打1000次才能振动它,而我们在最后一次放弃了,那么前面的999次等同于0次,而让你满心遗憾的是,原来成功仅仅还有一步之遥!其实,成功有时候比的就是这持续1000次的毅力和坚持。我们只要不放弃,坚持尽全力去做,就能在不间断的重复中提升自己,完善自己,进而获得成功。

一次,在一个知名企业的表彰会上,出现了这样让人难忘的一幕。企业领导按照贡献的大小,依次给受表彰的员工颁奖——从为企业做出技术革新的技术人员到给企业带来巨大利润的销售人员。终于轮到最后一个,人们都在好奇究竟谁是对企业最有贡献的人,又是企业的哪位高层领导还是一直被当作销售神话的某个销售经理。

当领导宣布了最后这位获奖人员的名字时,人们都愣住了。获奖的是企业生产部门的一名普通的老员工,大家只知道他一直工作勤恳,但没有听说过他为企业带来过多么巨大的利润。

为什么是他呢?员工们都不禁小声议论起来。

领导扫视了一下坐在台下的员工们,说:“你们一定有很多疑问,现在让这位老员工的工作来回答你们。”接着他从桌下拿出一块模板,老员工的日常工作就是在这块模板上按规定画出零件的位置。

老员工被请上主席台,他坐下看了看模板,拿起工具笔。接下来的举动让台下的人们不禁惊呼起来,老员工竟然闭起了眼睛,在这块模板上准确地画出零件的位置。

企业领导在台下响起一片热烈的掌声之时,把最高奖项颁发给了这位老员工。并在授奖的时候说了这样一段话:什么才能称得上是对企业最大的贡献?就是他这样数年如一日的认真态度和敬岗敬业的职业精神。只有这种精神力量才能带给我们更好的发展前景。

所以，在一份看似简单的工作中，如何做到更好，这其实需要我们付出更多的努力和耐心，我们在把工作做到精益求精的过程中，是需要用一种全力以赴的职业精神来逐步取得成绩的。

全力以赴是一种坚忍不拔的信念，全力以赴是一种舍我其谁的品格，全力以赴也是一个人功成名就的可靠保障。因此，我们要竭尽全力做好一件事，并不断重复！

3 埋头做事，遇事不要总抱怨

如果一个人把自己的命运和情感交给环境、交给运气或交给他人，总是不断抱怨，那么，他时时都有受到伤害和产生怨恨的可能。

我们的员工可能会有这样的经历：也许贫困的生活像枷锁一样束缚着你，也许繁重的工作压得你渐渐喘不过气来，也许你觉得生活中总是有诸多的不顺。于是，你开始不停地抱怨，感叹命运对自己的不公，抱怨自己身边的一切人和事。

但很多员工都没有发现，你的抱怨其实并没有起到实际的作用。因为抱怨你摆脱贫困了吗？因为抱怨你就能愉快的工作吗？因为抱怨你的生活就可以一帆风顺吗？答案当然是否定的，抱怨不会改善你的生活，反而会将你推入绝望的深渊。

抱怨不如改变，改变在于埋头苦干。在我们身边，有很多的人受过很好的教育，并且才华横溢，但在公司里却长期得不到提升，为什么呢？主要是因为他们不愿意自我反省，总是在不停地埋怨，对工作抱怨不休。

事实上，你所抱怨的那些并不是导致你陷于困境的原因，而你抱怨行为的本身，却恰恰说明了你倒霉的处境是咎由自取。从现在开始，停止你的抱怨吧,这只会让你的情绪变得越来越浮躁,丝毫不会改变你艰难的处境。

爱抱怨的人,在这个世界上很难有立足之地,他们缺少良好的心态,总是把自己紧紧束缚在黑暗之中。仔细观察一下你身边的人,你会发现那些成功的人大多是积极进取的人,而那些坏脾气,爱抱怨的人则往往一事无成。因为他们在抱怨的时候浪费了太多的时间,始终没有低下头来去认真做事。

一次,厂长的助理出差了,于是他把助理的工作交给员工刘玲做。刘玲按照厂长提出的要求做完之后,但成果却不令人满意。为了这件事,厂长还特意找来刘玲教育了一番。

刘玲感到非常不快,她觉得这本来就不是自己的本职工作,厂长不应该为此而批评她。厂长的做法让刘玲心里窝了一肚子火,甚至萌生出了跳槽的念头。接下来的几天里,刘玲工作起来无精打采的,总是惦记着这档子事,私下里不知和同事发了多少次牢骚。

几天后,厂长又把刘玲叫到办公室,告诉她原来的助理要出国,不能继续留在工厂中,所以要让刘玲接任助理的工作。此时此刻,刘玲才知道厂长之前的用意,为自己的牢骚满腹而感到羞愧不已。

接手新的工作后,刘玲丢掉了抱怨和牢骚的坏习惯,认真去做厂长交代下来的任务。没有了消极情绪的困扰,她的工作也越做越出色。厂长看在眼里,记在心里。不久之后,工厂中的一位部门主管离任后,厂长果断地让刘玲接替了那个人的位置。

实际上,生活对每一个人都是公平的,不会偏心谁,也不会让谁遭受特别的苦难。遇见挫折,首先想到的要是如何去战胜它,而不是怨天尤人。牢骚满腹,总是喋喋不休地抱怨自己的工作,这种心态会让你失去得更多。

抱怨,只能使你肩上的包袱更加沉重,让你步履蹒跚。当你把这个包袱卸下,轻松上路时,才会发现生活中还有那么多被自己忽略掉的美好。智慧的人生,就是埋头苦干没有抱怨,这样的人生才能迎来最后的成功。

4

量化工作,一步一步完成

量化工作,要求我们用科学的分解方法,推导出确保目标实施的主要工作,再一步一步完成,这将大大提高我们的执行力。

有的员工还在为工作没有头绪而烦恼,或者因为执行力差而备受煎熬。之所以造成这种现象,主要是因为没有量化好自己的工作。所谓量化工作,就是用科学的分解方法,找出工作的主次关系,然后再按照顺序去做。如果合理地量化了手中的工作,那么执行力就会得到很大的提高。

把看似没有头绪的问题,分解成一个个很容易就能解决的问题,这种方法的确令人拍手叫绝。我们做一件工作,往往也不能一步到位,这就要求我们应该尝试着将错综复杂的工作分解,一个一个地突破,这样再难的工作也不成问题了。

量化工作,要求我们用科学的分解方法,推导出确保目标实施的主要工作,再一步一步完成,这将大大提高我们的执行力。

东北有一家钢铁企业,该企业推崇的一个文化信念是——勇于攀登高峰。这家企业把室内攀岩这项运动作为宣传自己企业文化的一个重要内容,并定期组织员工进行室内攀岩比赛。

一次比赛中,刚刚进场不到两个月的王建辉以优异的成绩打破了企业室内攀援比赛的纪录,而且这项新纪录与职业攀岩运动员的成绩相差不大,这让人们非常佩服这位王建辉高超的技能,然而当得知他曾经是恐高症患者的时候,人们惊呆了,并纷纷向他请教:"你是如何战胜恐高症并且取得这么好的攀岩成绩的?"

王建辉微笑着告诉大家:在他刚进厂的时候,知道企业非常注重室内攀岩运动,因为恐高,所以他非常的苦恼。正在这时,他注意到企业里的一名老员工,这名老员工家离公司有10里的路程,但是他不肯坐公司的班车,也不骑自行车,每天都坚持步行上下班。他觉得很奇怪,于是问这名老员工。老员工笑着说:"小伙子,打算一口气跑10里,需要勇气,但是走一步路是不需要勇气的,只要你走一步,接着再走一步,然后一步再一步,10里也就走完了。"这件事情对他很有启发,他虽然有恐高症,但并不恐惧一步的高度。所以,他经常在市里的室内攀岩俱乐部去练习,每一次他害怕的时候,就想起老员工的话。于是,他在每一次室内攀岩遇到困难的时候,都告诉他不要害怕眼前的这"一步"。因此,他能够获得这么优异的成绩,只是将无数个"一步"累积起来而已。

把每个看似艰巨的工作任务分解开,当一个巨大的任务变成分数以后,剩下就是一步步按计划完成它们,这样最终总会获得成功。

为什么我们总是感觉有做不完的工作,每天都忙得焦头烂额?为什么有人每天都风尘仆仆,匆匆忙忙,效率总是提不上来呢?其实造成这一切的原因都是我们没能量化工作,并一步一步分解完成。

养成量化工作的习惯,也是有规律可循的。首先让我们来想想,是什么原因驱使你一次做许多事?不难发现根源其实是你面对事情心里很焦虑,工作就像压在你心上的一块大石头,只有尽快把它挪开,你才会放心踏实。可是结果往往是越忙越乱,越乱越忙。

员工养成量化工作的习惯,一步一步完成,解决的办法就是消除焦虑的心理。俗话说心急吃不了热豆腐,做什么工作,都要做完一样再去做另一样。刚开始克服这种焦虑的心理不太容易,做工作之前我们要尽量让自己放轻松,平静下来,然后把工作分成不同的步骤,再说服自己全身心地去做第一步,然后再做第二步,第三步。当我们做一件比较复杂的工作而不再焦虑时,就养成了量化工作的好习惯。

就像完成一段征途,不可能一下就到达终点。但是当我们把这段征途分成若干份,走起来就会更容易些。

5 脚踏实地将小事做到位

天下难事,必作于易;天下大事,必作于细。

老子有句名言:天下难事,必作于易;天下大事,必作于细。只有做好小事,才能成就大事。大事需要分解成许多小事,只要做好这些小事,尤其是那些关键的小事,成功自然就水到渠成。反之,一心只想成大事,对小事不屑一顾,恐怕很难有所成就。正所谓“一屋不扫,何以扫天下”?

在我们的工作中,没有完全脱离小事的所谓的大事,不管是普通员工还是企业高级管理者,抑或任何一项伟大事业的领军人,都需要做好一件件小事。小事就好比登上泰山之巅的一级级台阶,泰山固然雄伟高大,但没人能一步登顶。脚踏实地将小事做到位,就好比在稳步的攀爬这一级级台阶,只有踏好每一步,才能不断提升自我,不断接近顶峰。

在一家大型机械企业的研究部门用了整整两年时间,成功研发出了一种新的主打产品。这种新产品的研发成功,不仅可以为这家企业带来巨大的收益,而还填补了我国在此类行业产品中的一个空白,从而打破了我国同类企业对这种产品长期进口的被动局面。

然而,就在准备召开万分瞩目的新产品发布会前,却发生一个意外情况:新组装好的样机在运行一段时间以后总是自动关闭。企业的相关员工和领导都对这个问题束手无策,无奈只能推迟到产品发布会的时间,把样机拆开检查。

经过一周时间的详细检查发现,原来安装样机的员工,在样机零件的接口部位少放了一个垫圈。正是因为缺少这个小小的垫圈,使得零件在运行一段时间后,温度过热产生保护,所以致使整个样机运行一段时间就会自动关闭。

最让人难以接受的事情还不止这样,就在拆样机检查的一周时间里,主持这项研究的老工程师就在原定的产品发布会那天因为车祸而不幸去世,他至死都没有迎来产品发布的那一天。而这件事情,也成了整个企业中的所有人的一件遗憾事儿。如果,产品发布会能够如期举行的话,老工程师就完全有可能躲过那一场车祸……

垫圈的成本只有几分钱,但是却能间接让一位老工程师死于车祸,成为了杀人不见血的"刽子手"。事实上,真正引发这一场悲剧的内在原因还是因为没有将小事情做到位。

由此可见,在我们的工作中,并没有轻重大小之分。每个工作环节中的小失误,都会引发让人意想不到的大损失。如果员工在工作中没有踏实的工作态度,没有细致谨慎的职业精神,那后果将是多么可怕呀?

可以说,做任何事情也是如此。唯有脚踏实地将每一件重要的小事做到位,才能顺利得到我们想要的结果。质量的完美来自于每一个细小环节的改进,服务的优质来自于与顾客的每一次接触,项目的成功来自于每一个细节的雕琢。做好这一件件重要的小事,关注每一个细节,完美、优质才变得可能,可以说前者正是达到后者的唯一途径。

做事情需要我们有一种脚踏实地的态度,需要有一种对待小事的认真精神,这态度和精神正是将要求、标准落实到位的关键,是将想法、观念变成实际的不二法门。没有在小事上下工夫,再好的流程、再好的管理、再好的战略都将因无法落到实处而失败,变成停留在纸面上的一纸空文,而我们也会成为被企业淘汰的员工。

6 毅力:锁定目标不分神

只有单一,才有专注,只有专注才能坚定意志,善始善终。

员工在工作的过程中,都会制定大大小小的工作目标,但目标的实现不可能一蹴而就,如果我们遇到阻碍,就轻易放弃目标或者改变目标,那么很有可能会前功尽弃。

只有锁定目标不放弃,凭着顽强的毅力一直走下去,才有到达目的地的那一天。成功者往往只有一个目标,他们还会以"有两个以上的目标就等于没有目标"自勉。因为多个目标或者经常更改目标,都会让我们分神,就好比你在投靶时,只有紧盯着唯一的那个靶心,你才可能命中。

目标一多,或者经常变幻,我们的精力就不能集中,也就不能下定决心在一条路上走下去。其结果就是,一旦我们碰到难以克服的困难,就心生动摇,意志不坚,心里老想着:实在不行的话就换一个,这个事干不成我还可以干其他的。这种想法最终让你在不停地更换目标中一事无成。

事情的成功没有那么容易,只有克服了所有的困难才能拨开乌云看见太阳,但许多员工往往总想着换个目标可能更容易,或者这件事实在做不好了。

其实,此刻你需要的只是毅力,只要你锁定这唯一的目标,毫不动摇、毫不气馁,一心想办法去克服眼前的难题,终有一天你会取得突破,而突破的时刻就是你看到曙光的时刻。

陈升明带领的国内著名文具品牌"晨光",就是因为"锁定目标"而成功的。

文具是一个毫不起眼的行业,既不需要多高的技术,也不需要多大的投资,只要你想做就能做。正因为门槛低,所以要想在这个行业胜出并不是一件容易事。

截止到2007年,中国的文具企业已经超过3000家,产值达到近200亿,其中年产值超过1000万元的企业占行业总数的15%以上。可以说既有小企业、小作坊,也有实力雄厚的大企业——鱼龙混杂,争夺激烈。不仅如此,外资品牌也开始强势介入,纷纷在中国抢滩登陆,谋划布局,使原本就杀得难解难分的市场更增加了许多变数。

在这样一种情况下,陈升明没有后退。他知道,要么在激烈的争夺中雄起,与强大的外资展开搏杀,要么就在消极、恐惧中沦为捞点小钱的普通企业,把自己的命运交给这变幻不定的文具市场的大潮。后者显然不符合陈升明的个性。

但要与强敌正面交锋,谈何容易!在此行业摸爬滚打了多年的陈升明脑子里很清醒,只有建立起自己的完善的本土销售网络,与强敌的交手中才不至于一点把握都没有。眼光敏锐的他很早就确定了"晨光"在销售领域的目标:那就是培育专属于自己的蛛网般的销售网络。实现了这个目标,企业才能将产品覆盖至全国的每一个角落,他要让能卖文具的地方都有"晨光"笔的销售。

近年来,外资品牌在销售渠道上的血拼更让他坚定了自己的这个目标。世界500强、文具大鳄"欧迪"最近控股了中国最大的文具分销商"亚商";另一世界500强企业"史泰博",也出手并购了国内第二大文具分销商"OA365"。看来,得渠道者得天下,对于竞争激烈的文具行业似乎更是如此。

面对强有力的竞争,陈升明知道,沿袭以往的销售模式——即聘用大量销售员到全国各地跑业务——早已不合时宜,这种方式不仅人员开支高,而且布点也很难做到全面覆盖。他要在较短的时间内用最少的人力来获取最佳的渠道铺设效果!

想要超越就得创新,如何才能实现这个目标呢?陈升明想到了快速消费品常用的渠道分销模式,即先培育一级代理,由他们向下发展二、三级代理。为了让这个销售网络更好地服务于"晨光",陈升明结合保险行业的专销模式,开发出一个全新的销售模式。

"晨光"首先专注于培育以省为单位的一级代理商,通过对其培训、指导、辅助等措施,"晨光"又将一级代理商培育成自己单一品牌的专销商,也就是说这些省一级的代理商以后只卖"晨光"的文具。

站稳了一级市场后,"晨光"又协助一级代理商去开拓以县为单位的二级市场,发展出来的这些二级市场上的代理商全都是一级代理商的下线。然后二级代理商又去发展自己的下线,即在乡镇发展自己的代理商,他们就是三级代理商。

为了打造自己蛛网般的销售网络,陈升明足足花了6年时间,6年时间里,"晨光"始终在执著的为这个目标而奋斗。目前,"晨光"已拥有4000人的专销商队伍,其中一级代理商对"晨光"的认可度达到了100%,二级为70%,三级为50%,在他们的支持下,"晨光"文具走向了全国,"晨光"文具的销量更是节节攀升,势不可挡,这让竞争对手们都唏嘘不已。

"晨光"把代理商们的工作业绩成功地累加起来,终于使"晨光"成为年利润过亿的龙头企业。如果没有这种锁定目标不分神的执著,没有代理商们的积极辅助,"晨光"文具就不可能在如此多的文具品牌中脱颖而出,更不可能在与外国强势品牌的较量中占得上风。

同样的道理,我们的员工在工作中目标越清晰、越单一,实现目标的可能性就越大。只有单一,才有专注,只有专注才能坚定意志,从一而终。员工在工作中的成绩与一个企业的成功有密不可分的关系,员工同样需要在工作中具有坚持不懈地毅力,才能保证自己每个细小工作目标都得以实现。一个企业的发展与壮大是以员工在工作中每个工作目标顺利完成为基础的。

7

勤动手:随时把灵感写下来

随时记录下灵感原来是一笔财富,因为灵感如岁月一般,转瞬即逝。

何谓天才?天才就是99%的汗水加1%的灵感。聪明出于勤奋,天才在于随时把灵感记录下来不断积累。天才就是无止境刻苦勤奋的能力,灵感不过是“顽强的劳动而获得的奖赏”。勤奋的人总是懂得事情的重要性,并留心记录下来,常言道:好记性不如烂笔头。

员工在工作中只有勤动手,随时记录下来灵感,灵感才会在工作中转化为生产力,你才能真正体会到通过劳动获得收获的快乐。

勤劳一日,可得一夜安眠,勤劳一生,可得幸福长眠,只要勤动手我们才会更有收获。

其实每个员工在熟悉了日常工作以后,都会有些自己的发现和体会,只是很少有人意识到,这其实也是让我们工作上取得成功的机会。有些在工作中取得成就的人们,究其成功的原因,只不过这些人能及时把自己在工作中的感悟记下来,慢慢深化,吸收——等到瓜熟蒂落,一个崭新的工作“思路”就诞生了。

对于大多数员工来说,人的灵感就像是很多抽屉一样,我们记下的东西,会任意的存放在其中一个抽屉中,但是如果需要的时候我们要知道存放的具体位置。

随时记下来一些事很重要,因为每个人的记忆容量,瞬时记忆能力和回忆能力都不一样,所以起关键是你有没有勤动手的习惯,随时把灵感记录下来需要你坚持勤奋的习惯。

如果我们从事的工作,项目很多而且繁杂。应该在工作中养成记录的习惯,以此来保证工作的质量。

比如对于拍电视剧的人来说,勤动手,随时记下灵感,发生的每个场景更是重要;而对于场记人员来说,为了后期影视制作不那么麻烦,就是要用笔记录下来剧组中的每个场景,想到的每个问题,简单点说,每一部电视剧所拍摄的每个镜头,都必须让场记给记录下来,不然就准得出乱子!

就拿穿的剧组演员的服装来说吧,如果没有场记的话,那么多服装,谁知道今天这个镜头该穿哪一件啊?如果穿错了,那可就闹笑话啦。还有,一部电视剧有那么多个镜头,今天拍几个,明天拍几个,一共拍了几个,还有几个没拍,都得靠场记给记录下来,要是没有场记,没准就会漏掉一个俩的,那最后剪辑的时候可就连不上啦!

员工的工作在更多的时候内容很单调,也正因为重复和单调,许多人失去了职业的敏感性,白白浪费了找寻灵感的机会。而灵感,正是在工作中长期思考,不断思考而积累的经验总和,它也是命运对我们勤劳工作和细心总结的奖励和馈赠。灵感是稍纵即逝的,有成功准备的人才能够及时用笔记录下来自己脑中的灵感。

在工作总结会上,我们经常会碰到这样的事情:企业向员工推广一个能够提高工作效率的方法。有很多员工会说:啊,这个呀,我早就想到了,只是忘了记下来。其实对于这些员工来说,这就是一次与成功擦肩而过的经历。我们说成功是留给有准备的人们的,如果我们不具备电脑一样的记忆力,就要准备好笔和纸,随时记录下通往成功之路的信息。

古往今来,勤奋是人们获取成功的必要前提。也是我们每个人都应该具备的良好品格。唯有勤奋,随时记录下来你的灵感,才能在工作中做好每一件事情。

随时把灵感记下来会让生活更有质量,工作的效率更加高效。其实,不是聪明的人做事就很聪明,有时笨方法才是最管用的方法——勤动手吧,只有你为你的做的事不断的努力去做了,坚持了,你就会有新的发现。

随时记录下来灵感原来是一笔财富,因为灵感如岁月一般,转瞬即逝,如果你不能把握住,那么想重新再来都没机会了。所以,当你的灵感闪现时,就及时记录下来吧!

8

持续提升:每天进步0.1

只要每天进步一点点并坚持不懈,那么有一天你就会惊奇地发现,在不知不觉中,你已经在同事中脱颖而出,具备了承担更多责任的能力。

滴水穿石、积沙成丘的道理人人都懂。然而,扪心自问,每天进步0.1,你真的可以一直坚持下去吗?如果答案是肯定的话,那么恭喜你:你已经走在通往成功的路上了——你即将成为一名优秀的员工!

众所周知,日本企业所生产的产品向来以品质卓越著称,不论是电子产品、家用电器还是汽车在世界上都是很有竞争力的。之所以日本企业能生产出高质量的产品,都要归功于一位叫戴明的博士。

二次世界大战结束后,日本企业界为了重整日本经济,特意邀请戴明博士来出谋划策。戴明博士对日本企业界提出"品质第一"的倡议。他告诉日本企业界,要想使自己的产品畅销全世界,在产品品质上一定要持续不断地进步。戴明博士认为产品品质不仅要符合标准,还要无止境的每天进步一点点。当时世界上最大的工业强国美国人认为戴明博士的思想很可笑,但日本人完全照做。如今,日本企业界的发展世人都是有目共睹的。

福特汽车公司一年亏损数十亿美元时,他们请教戴明博士回来做一次指导性的演讲。戴明博士仍然强调企业要在品质上每天进步一点点,只有不断的进步,才可以使企业起死回生,重整雄风。福特汽车贯彻戴明博士的策略,3年之后,一年净赚60亿美元。

戴明博士"每天进步一点点"的企业理念为世界上无数的企业创造了巨大的经济效益——员工与员工之间的距离差也就差

在这么一点点。如果每天比别人进步 0.1,那么一年下来就是一大截,那么十年二十年过后呢?这样你还敢对这一点点嗤之以鼻吗?

要想在社会工作中扮演一个卓越的角色,那么就要靠实际工作中一点一点地培训和锻炼。俗话说得好"一口吃不成胖子",生活工作也是这个道理。每天进步 0.1,一点点地改善,那么就意味着向成功又迈进了一步。

洛杉矶湖人队的前教练派特·雷利在湖人队最低潮时,告诉 12 名球队的队员说:"今年只要我们每人比去年进步 0.1 就好,有没有问题?"球员都说:"才 0.1,太容易了!"于是,在罚球、抢篮板、助攻、抄截、防守一共 5 个方面都进步了 0.1,结果获得了那一年比赛的冠军,而且是队员们感觉最轻松的一年。有人很不解地问教练,为什么这么容易获胜呢!

教练说:"每个人在各方面各进步 0.1,那么 5 个人就是 0.5。12 人一共进步 60%。一年进步 60%的篮球队,你说能不得冠军吗?"

像教练要求队员那样要求自己每天进步 0.1,如果你是一个懵懂年华就不必担心从一只丑小鸭变成白天鹅了;如果你是企业中的底层员工,就不必担心没有升职的机缘;如果你已经小有成就,就不必担心被竞争浪潮所淹没。

如果想当一个技术骨干,那么每天就学会几个专业知识,但一定要坚持每天记!

如果想当成为一名会做事的员工,那么及时记下你应该去做的事情和不应该去做的事情。但一定要坚持及时记!

如果想当一名优秀员工,那么随时记录自己成长的每一点每一滴。但一定要坚持随时记!

如果想驾驭工作,那么每天晚上反省自己白天哪些事做的对,哪些事做的是错的。但一定要每天晚上进行自我分析!

每天比昨天进步 0.1,那么就为人生的大厦就多添了一块砖或一片瓦。

不用大幅度的进步,0.1 就够了。千万不要小看这一点点,每天微不足道的改变,最终会让你与众不同,然而有多少人能坚持做到呢?所以世界上普通人总比成功人士少。想成为成功人士吗?答案若是肯定的话,那就做到每天进步一点点。

只要在各项工作中每天进步一点点并长期坚持,那么有一天领导就会惊奇地发现,在不知不觉中你的各项业绩已经鹤立鸡群,在考核表中你的各项指标已经遥遥领先。

“每天问自己今天在哪里改进工作?”在工作中要不断吸取新思想,提升自己的思考能力。

每天勤奋一点点、每天完美一点点、每天主动一点点、每天学习一点点、每天创造一点点……只要每天进步一点点并坚持不懈,那么有一天你就会惊奇地发现,在不知不觉中,你已经在同事中脱颖而出,具备了承担更多责任的能力。

如果一个人在同事中具备了承担更多责任的能力,并拥有遥遥领先的业绩,那么升职加薪离他还会远吗?无论你是一位刚刚入职的普通员工,还是一位干了很多年的老员工,都应该坚持到底、永不放弃,哪怕只是每天进步一点点。因为只要这样一切都会由量变转化成质变,只要这样你就会从营销的此岸迈向成功的彼岸。

如果你能每天坚持进步 0.1,偶然间你会惊喜的发现:工作效率提高了,工作能力增强了,上司对自己刮目相看了。

如果你能每天坚持进步 0.1,渐渐地,你就会发现自己已经把和自己曾站在同一条起跑线上的选手远远甩在后面了,甚至超过了跑在自己前面的一些选手。

第八章　乐做:在行动中享受成长的快乐

最棒的工作体验是什么？用四个字形容，叫做“乐此不疲”。当你全身心地投入某项自己喜欢的工作时，会感觉时间飞驰而不是度日如年，会感觉身体的每个毛孔里都充满热情和愉悦，即使工作量大、工作辛苦也不知疲倦。发现了工作的乐趣，也就找到了实现人生价值和使命的途径。优秀的员工必定是乐在工作的人。乐在工作的本质是享受工作，享受自我成长和价值实现的快乐。

1

越快乐越成功

如果员工能用最好的心态来做事,能做到快乐地学习和工作,就能在乐做的行动中享受到成长的快乐。

员工在工作中成长的过程是艰辛的,工作需要付出时间和代价;而在工作中成长又是快乐的,工作在带给人们丰富工作经验的同时,也给人以享受成功的乐趣。

一个员工能用最好的心态来做事,能做到快乐地学习和工作,就能在乐做的行动中享受到成长的快乐。快乐与成功是相应的,这是一个充满阳光的人生哲学。

只有当员工以一种快乐的心境来做事情的时候,才拥有了最可能成功的因素,但快乐并非是成功的结果,它实际上是成功的原因。成功缘于快乐的心态,快乐的做事并能恒久地坚持,会带来更大的成功。

在会做、乐做的行动中享受成长的快乐,就会越快乐,越成功。

循此规律,这就酿出一个良性循环的道理:享受的快乐越多,必将得到越多!

毫无疑问,愉悦的心理状态,会使员工变得更开心。尽管这种开心是抽象的,但也是具象的,是无形的,可也是有形的。这种快乐我们无法触摸,它却可以表现在我们的脸上,能够使我们的心情舒畅,它时刻有可能出现在我们身边,只要我们愿意并能乐于持续去做。

快乐的心有如一剂良药。快乐本身出自人的身体组织或思想性灵,一个员工快乐的时候,就可以想得更好,做得更好,感觉得更好,身体也就越加健康。反之，不快乐就是一种精神上的疾病。曾有调查表明：注意事物光明一面的人都是独具乐观开朗性情的，他们总是比悲观主义者更容易有所成就。

员工对于快乐的概念，很容易有一种本末倒置的错误观念，如我们说“我会快乐的”或者“如果我健康、有成就，肯定就快乐”或者“爱人就会快乐”。其实更正确的应该是：“保有快乐，我就会做得好，就会更成功，更健康，也就予以别人更多的仁爱。”

如果我们一直等到“理应”进行快乐思维的时刻，就很可能产生自己不配得到快乐的不快乐思想。这缘于一些正经人的思维，这些人往往不敢追求快乐，他们觉得快乐不是挣来的东西，也不是应得的报酬，追求快乐是“自私”或“错误”的。

不能否认，无私的确能带来快乐。但如果我们因无私而不敢追求快乐，只会导致一个不合逻辑的推理：我们越克制越不幸，就越快乐，那么荒谬的结论就是——想快乐必须不快乐。

快乐本是一种心理习惯、心理态度，我们也只有加深对快乐内涵的了解和实践，才会在将来逐渐体会快乐的真谛，要快乐就去行动、去做，而不是“有条件”地快乐。

这就引出一个快乐所应采取的态度习惯问题，至于如何培养新的、快乐的心理习惯，最佳的方式莫过于天天有意识地保有这样的决心：

——我要努力保持精神愉快。

——对别人的感觉和行为我会更加友善一些。

——我要尽可能从最好的角度来理解别人的过失，少苛求，多容忍。

——我要一直保有对成功的把握，养成一种希望的个性，并在行动上习惯这个新的个性。

——我要让悲观或消极的情绪见鬼。

——我要每天训练自己保持三至五次的微笑。

——在任何情况下，我都要尽可能地冷静并理智。

——对无力改变的、悲观的事物我要完全不予理睬。

方式很简单，上述之行为、感觉和思维方式的任何一种，都会对我们产生有利影响。坚持练习或“体验”这些步骤，我们的疑虑或者敌意会自然消失，信心和快乐的习惯自然逐渐养成。

在这个渴望成功的时代,员工想要更快乐就必须不断地去追求工作上的成绩,事业上的成功,在快乐的行动中享受成功后的喜悦,只有这样,我们才会越活越快乐,越活越成功。

如此乐做,员工将越来越快乐;如此会做,我们将越来越成功!

2

重新认识自己,让我们的工作更快乐

不管做什么事都要不断地总结,重新认识你所做的事,会有新的发现和收获。

在工作中,许多员工完成一件工作就算完了,其他的一概不管,这样的员工总是因为其他因素而影响业绩,因此在工作中总是很不快乐。而有的员工则会不停地回顾自己做过的工作,并对其有新的认识,发现自己在工作中存在的不足,从而将自己的工作落实到位,业绩一直很好,在工作中也很快乐。所以说,一个员工能够在工作中重新认识自己,就能找到不足将工作做好,也就能够成为一名快乐的员工。

其实在工作中,不管做什么事都需要不断地总结,重新认识所做的事,这样才能有新的发现和收获。员工在忙忙碌碌的工作中,只有注重总结,才能不断地取得进步,这样才能够在工作中感受到快乐。

我们不妨每天都问问自己,我们是不是做了自己喜欢做的工作?我们为什么每天忙碌?我们怎样更清楚认识自己和自己所从事的工作?

每个行业的员工只要站在各自的角度重新认识自己以及自己所做的事都会有新的发现:医生看到病人微笑着从病房中健康地离去,会更有成就感,更明白救死扶伤为社会贡献的意义;农民工看到自己的辛苦汗水盖起的高楼大厦会更有使命感,因为他们让城市更加美丽;教师站在讲台上看到学生茁壮地成长,会很有成就感,因为三尺讲台的奉献让很多孩子长大成才。

在上个世纪中期,许多大城市的知识青年响应政府号召,为了建设三线来到边疆。在新疆建设兵团就有这样一位年轻人,他毕业于上海某知名中学,自幼喜爱文学,但是为了能把祖国边疆建设得更加美好,来到新疆某建设兵团当了一名普通的采棉职工。

过了几年,兵团领导注意到他有一定的文学基础,决定调他到兵团的宣传部做一名宣传干事。初来宣传部的时候,为了能有所表现,他翻阅了许多名著和经典文章案例,也写了不少自以为很不错的文章。然而,让他没有想到的是,这些文章在兵团内部的报刊发表出来以后,根本就没有人注意到。

正当他百思不得其解的时候,他偶尔又回到了自己曾经工作过的采棉生产队,在与战友们一起闲谈的时候,他问道:"你们看到我写在兵团报上的文章了没有?觉得怎么样呢?"

"看到你的名字了,不过你写的文章,我们都不太懂。"战友们说。

他听了战友们的话,沉默了半天。他意识到,自己写的文章过于文艺化了,那些模仿名著和经典风格的东西,对于淳朴的兵团战友们来说,离他们太远也太虚假了。

从此以后,他尽量用简单的体裁和最贴近兵团战友的语言来写作,写自己可爱而坚强的战友们的生活,写他们的感人事迹,写他们的工作,也写他们的爱情。

一晃几十年过去了,这位昔日的宣传干事,早已经成了家喻户晓的兵团作家。他的几部反映兵团生活的小说也在边疆地区广为流传,甚至被改编成电影,搬上银幕。

他在自己的回忆录中说:"离我们最近的、最熟悉的生活,才是我灵感的源泉和登上成功峰顶的石阶。"

我们最擅长的事情,往往是我们做过最多的事情。我们的成功也多半与我们熟悉的事情分不开。对于员工来说,我们从事的工作,就是我们最熟悉的也离我们最近的,因此,从这个角度上说,工作也会给我们带来许多成功和快乐。

重新认识自己和认识自己所做的工作,会促使我们的能力提高得更快。很多时候,我们对待事物不能未卜先知,也不能盲目无知地做一件事就是一件事,而是不断给自己重新认识自己的机会,对自己所做的事不断地思考和认知,不管做什么事虽然不能至善至美,但要做得无怨无悔。

员工只有认清了自己,认清了自己所做的事才能有新的发现,有新的改变。让自己工作得更有价值,做的事更有意义,就会体会到工作中的乐趣。

一个员工不管多聪明,多能干,背景条件有多好,如果不懂得重新认识自己以及自己所做的事,那么他最终的结局就不会太乐观。很多人之所以一辈子都碌碌无为,那是因为他活了一辈子都没有认清自己,没有认识到自己所做的工作,能给自己带来什么。适当的时候重新认识自己及所做的工作,让自己在行动中快乐,生活才更有意义。

3

乐在其中:享受做的乐趣

奋斗的终极目标不是金钱,而是借金钱实现人生的理想和价值,享受更多你做事的乐趣。

员工们在工作中有很多快乐的源泉,只要用心去感觉,就能体会到快乐。

每位员工都在忙碌,做着自己喜欢或者不喜欢的事,都希望自己过的是快乐的,也希望自己能获得生活的乐趣。

就拿读书来说吧,有的人天生就是读书狂,视书如命,好像只有读书才能让他获得更大的乐趣,所以只要是读书就感觉自己在享受最快乐的事。

人生智慧识字始。从幼儿时期起,我们就开始读书。无论是专门的学习,还是偶然的翻阅,无论是利用网络阅读还是通过广播电视观听,不管以什么方式、在什么时间,读书应当是伴随一生的快乐。

在我们的员工中,有的人因为不喜欢读书而辍学,有的人因为喜欢读书,总会抱着活到老学到老的态度。真正的快乐是在书的海洋享受着知识的乐趣。

有些员工认为读书苦、读书累,读书是一件非常枯燥的事情,这是因为他们没有享受到读书的快乐,根本就没把读书这件事当乐趣。读书应当是快乐的,这是一种发自内心的深沉的快乐,这种快乐无可比拟、不可替代。读书之乐在于给人带来身心的放松。

什么是乐趣,乐趣就是你为你喜欢做的事行动了,很多人都会有深刻的体会,认为从事着自己喜爱工作的人最快乐。

什么样的工作能够使人快乐?适合自己的工作、自己感兴趣的工作、对自己发展有利的工作。在这样的工作中你能发现很多意想不到的乐趣。

李新是2003进入企业的销售员工。带着激情他开始了自己的职业生活,并在忙碌的工作中感受着乐趣。最初就从自己擅长并喜欢的工作入手,因为在这之前,他先后在沿海的几家企业打工,是一名推销员。

一次,由于工作上小小的失误,他失去了一个极有可能成交的大客户,他意识到工作不能光有激情,自己要学习的还有很多。此后的几年,为学习先进的营销经验,他自费报了许多有关销售知识的培训班,还利用周末的休息时间,参加一些培训机构组织的拓展训练。

虽然花了不少学费,但他却觉得这个充电的过程非常快乐。随着知识的增长,加上在工作和培训中不断结识到新的朋友,开阔了视野,他越发体会到销售行业的神奇魅力。将这种快乐的心情带到工作中去,他觉得每天的生活都很新鲜,并充满了挑战的乐趣。

就像植物生长的先决条件是深深扎根而不是开花结果一

样,乐趣的到来也是如此。每个阶段都有不同的工作,发现不同的乐趣,而每一步也都在为将来的灿烂积蓄力量。有了营销经验、掌握了相关领域游戏规则的李新,果然成了企业销售部门的主要业务骨干,工资也比初进企业时高出几倍,远远多过了当初的学费。他认为,做自己感兴趣的事,并享受其中的乐趣,就是成功的基础。

回顾多年职业生涯,无论是生活中,还是事业上,李新都信仰一种心灵的自由。享受做的乐趣,只要自己感兴趣,有社会意义,就算是卖一只曲别针,同样能体验到成功的乐趣,享受成长中的快乐。

对于乐趣,也许一百个员工会有一百个不同的答案。但李新认为成功是一个相对的概念,乐趣是一种心态,在事业上,不断提高自我能量的同时,还要有个好的心态,享受过程,从自己所做的事中寻找乐趣。

在做事的乐趣中,只有真正行动去做了,你才能在乐趣中走向成功。在人生中,只有个人的情感与家庭、朋友、社会等情感都感受到了其中真正的乐趣,才算是享受了人生的快乐和幸福。

工作中的成绩不是人生的终极目标,而是你做的事情中享受乐趣的过程。奋斗的终极目标不是金钱,而是借金钱实现人生的理想和价值,享受更多你做事的乐趣。

4 快乐工作是享受过程:看结果,更要看过程

工作就像一次旅行——终点也许没有风景。

工作中很多员工只注重结果,不注重过程,但也有更多员工注重结果的同时非常看重过程,有过程才会有结果,或好或坏的结果。好的过程才会有好的结果,反之亦然,可见看结果,更要看过程。

不管做什么,过程和结果同样重要,甚至可以说过程比结果更重要,如泰戈尔的"天空不留下鸟的痕迹,但我已飞过",我们应该也能从中有新的体会吧！一个只顾低头走路的人,永远领略不到沿途的风光,生命不在于结果而在于历程！相对于结果的辉煌或黯淡,追求的过程更显其意义与价值。

还有一位伟人说过:"旅途的终点也许没有风景。"其实人生的乐趣是包含在追求的过程中。著名舞蹈家杨丽萍完全可以凭借《雀之灵》作品一举成名,但她并没有这样做,在她看来,她的生命意义在于置身舞蹈的过程中体味心灵的回归。体会到了过程的艰辛与感悟,得到了鲜花和掌声,可以说过程让她看到了令人羡慕的结果。

梁山伯和祝英台的殉情,轰轰烈烈,无怨无悔。爱过,死是一种永恒,他们把爱情留在了永恒里。过程的美丽对于结果就更有意义。

当战士们在号角中冲出战壕向敌人扑去时;当一个企业向国家、民族和世界做出承诺时;当员工在一个平凡的岗位上向社会做出贡献时;他们并没有考虑结果是否值得,他们勇于牺牲和奉献的精神正是在过程中得到体现与升华。

其实,任何事物都在发展,结果只不过是过程中某一阶段的一个结点,它可能正是下一阶段的开始。

有三个跑单帮的商人,各推着一车陶瓷用具要去做买卖,车上都是杯罐、盘子等易碎的厨房用品。

他们来到一座又高又陡的大山,山路全都是羊肠小道,一边是高不可攀的山壁,另一边是深不可测的沟壑,地势非常险峻。第一个人刚刚推上一段斜坡,一不小心,就把一车用具打翻了,所有的东西都打碎了。

第二个人运气比较好一点,他推上了半山腰,但碰到一条突出来的树根,车子一翻,同样没有剩下一个完好的器皿。

第三个人费劲千辛万苦,终于推到了山头,却在喘了一口气之后,一不留神,车子滑了下去,全部用品都摔在地上,没有留下一个完好的。

三车器皿都打碎了之后,三个人便坐在山顶上,就这样谈起来了。“说到爬山的本领,自然是我顶差,但我省下了许多力气呀! 这是我占便宜的地方!”第一个人说。“我恰好花了一半的力气,却也爬上了一半的山,所以我也没有吃什么亏!”第二个人说。“只有我是爬到了山顶,我的损失最大!”第三个人说。

一个路过的老人听到他们的谈话,帮他们下了一个结论:“你们各人都有不同的优点和长处,虽然结果都是一样的,但努力的过程是值得肯定的。”这三个人得到老人的鼓励,就快快乐乐地推着空车回去,准备重新来。

工作中总会遇到这样那样的难题,因此过程的精彩,有时远比结果显得重要。可惜员工在工作中只看到失败,没有看到过程中的努力。其实,曾经努力过,就是可喜可贺之事。冠军只有一个,奖牌是胜者的荣耀,但其他人,那一身不屈不挠的汗水、那一股坚持到底的毅力,就是他们最好的奖牌。

事业成功者百中取一,但另外九十九个失败者也同样值得肯定。成功的结果和努力的过程都是极为珍贵的,只要下过工夫,就值得纪念和喝彩。虽然没有辉煌的结果,却留下精彩的过程。

唯物主义观点认为:运动是物质的根本属性,而运动就是指宇宙中一切事物的变化和过程。过程是结果的前提,结果是过程的延续。

很多时候我们经常听到一句话:“结果怎么样不是很重要,重在参与。”重在参与,不就是指过程吗? 其实,还是有很多人注重过程的,有了过程,先不管结果如何,也让自己无憾了。

过程是留给自己的,结果才是留给别人的,努力做事只能完成任务,用心做事才能做好每一件事。

不管做什么工作,要看结果,更要注重做工作的过程,在注重过程中必然首先确立了目标和重视了结果。所以,在任何事物中,看结果,更要看过程。

结果是过程中价值的检验和经验的总结,所以说结果正是对过程的评判,结果是自我实现价值的导引,也是对这种最高层次心理需求的满足。

职业生涯是短促的,这句话应该提醒每一个员工尽力去做一切他所

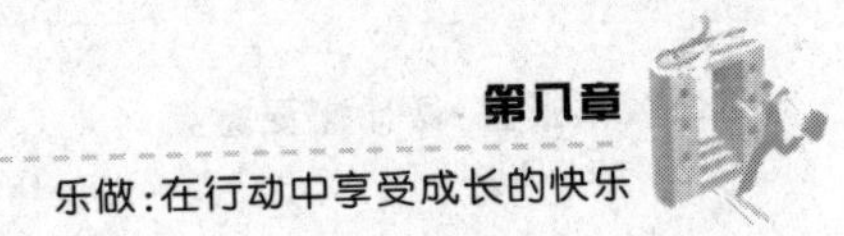

想做的事。虽然勤勉不能保证一定成功,死亡可能摧折欣欣向荣的事业,但那些功业未遂的人,至少已有参加的光荣,即使他未获胜,却也奋斗过。奋斗,是可贵的,是值得的;所以说,看结果,更要看过程。

5

快乐着一步一步达成目标

快乐的人总是有条不紊地朝自己的目标奋进,把目标的达成建立在一步步快乐做事的基础上。

在工作中,有些员工总是开开心心地做事,淡化烦恼和忧愁。有些员工则总是愁眉不展,终日里抑郁消沉。两种不同的态度,带来的是两种不同的结果。前者往往在获得快乐的同时也获得了成功,而后者往往在工作中一无所获,只有无尽的落寞与消沉。

心态决定成败。做一件事情,不同的心态就会有不同的结果,快乐激发人的潜力,而忧愁则会带走你全部的能量。

在实现人生目标的过程中,我们难免会遭遇到这样或那样的烦恼,如果不能保持快乐的心情,快乐地走好每一步,那么就会渐渐随波逐流,漂浮不定。消极对待自己工作的人,永远都无法走到人生的目的地,只有那些笑口常开,对工作和生活充满了希望的人,才能有条不紊地向着目标前进。他们成功的秘诀其实很简单,就是把目标的达成建立在一步步快乐做事的基础之上。

有三个砌墙工人在砌墙,有人看到了,问其中一个工人,说:“你在做什么?”这个工人没好气地说:“没看见吗？我在砌墙!”于是他转身问第二个人:“你在做什么呢?”第二个人说:“我在建一幢漂亮的大楼!”这个人又问第三个人,第三个人嘴里哼着小调,欢快地说:“我在建一座美丽的城市。”

三个人不同的心态,带来了三种不同的心情。目标是建造一座美丽的城市的人,能最大程度享受到工作的乐趣,因为这个美丽的目标会让人动力十足,并且感到相当的自豪;目标是建造一所大厦的人,对未来有美好的期望,也能兢兢业业地完成工作;而目标仅仅是砌墙的人,没有美好远大的目标,整日愁眉苦脸地面对自己的工作,干一点是一点,过一天是一天,这样的人既不会快乐,也不会取得成功。

在快乐中工作,以积极的心态去面对平凡的工作,用感恩的心去对待自己身处的环境,哪怕你现在只拥有一个砌墙铲,你也要感谢命运——原来它是上帝有意送来的。用心体味人生,在简单中自然会创造出辉煌的成就,你的目标就会有条不紊地完成。

员工要知道自己的人生目标,并不断地努力快乐着一步步实现,如果不清楚或不是很清楚自己的人生目标,就感觉不到快乐,有时候我们找不到工作乐趣,仅仅是因为我们没有设计好目标去一步步实现。

只有正确对待目标才会体会到真正的快乐,享受成长路上的幸福感,乐趣就是源自于快乐着一步步达成目标。

6

快乐做事是一种高效的工作状态

快乐做事和高效的工作状态是联系在一起的,而痛苦地做事往往和低效的工作状态联系在一起。

现代社会的节奏越来越快,随之而来的工作压力也是越来越大,如果不能在工作中保持高效的工作状态,很可能就会在激烈的竞争中被淘汰。

在这种背景下,高效工作成为了每个员工的口头禅,谁都想提高自己的工作效率,从而在职场竞争中占据更有利的地位。那么,怎样才能时刻保持高效的工作状态呢?

当我们能愉快地做一件事时,就能从做事的过程中获得满足和享受,即便仍然会感到劳累,也不会过多地去关注它,因为我们此刻将自己的注意力放在了喜欢做的事情上。快乐做事时,我们能全身心地投入到工作中,在工作中保持专注和热情,心无杂念地做好眼前的事,这就使得工作效率大大提高。

快乐做事和高效的工作状态是联系在一起的,而痛苦地做事往往和低效的工作状态联系在一起。当我们不能从工作中获得满足和享受时,注意力就会被做事时的劳累、付出和痛苦所吸引,这会使我们分心,无法保持专注,从而失去了工作的激情。这样一来,我们就更容易出错,更容易出现疲劳,工作效率自然大打折扣。

玲玲在一家公司做打字员的工作,虽然工作难度不大,但工作很忙,有一天主管让她打一个报告,她不耐烦地说:"在原稿的基础上改一改就好了,不需要重新打。"主管很不悦,说:"我可以找人来替你重新打,你也可以替自己另找一份你喜欢做的工作。"玲玲本来就很讨厌这样一份没有技术含量的工作,但倔强的个性却驱使她放弃辞职的念头,她想:"我可以离开,但是不能这样离开,我不信自己连份打字员的工作都做不好。"于是,她决心把这份工作当作自己的选择,要喜欢它,并做好它。

一段日子以后,她发现把打字当成自己喜欢的事,这份工作干起来似乎没那么枯燥了。光滑的电脑键盘像钢琴的琴键般,在她熟练灵巧的敲打下,宛如在谱写优美动人的乐章。一天下来,手指都酸麻了,竟也没觉得如往日那样厌烦,令人欣喜的是,不知不觉中工作效率竟然提高到了过去的两倍!不仅如此,她还在工作中学到不少有益的东西:各种文件的格式,每个部门的工作内容和报告形式,等等。她没想到,正是这份简单的工作,成为她最终升任公司高层主管的基础。

也许成功除了努力还要有机遇,未必所有员工都会在努力之后就收获到胜利的果实。但是面对一天 8 个小时的工作,我们有什么理由,让自己每天都有三分之一的时间不快乐呢?把工作当成一生中的重要经历,并在快乐和自信的状态中去完成它,相信这样的一生在最终也不会有太多的遗憾,因为我们大部分的时间都很快乐。

回过头来看看我们身边,有多少员工能具备这种积极的心态呢?我们更多的是听到这样的抱怨"咋又是红灯"、"上班又要迟到了"、"倒霉,每次公交车都这么挤"、"还得做这些破事,生活真没劲"、"这么多活等着做,忙死了"、"时间咋过得这么慢,赶快下班吧"……

如果你在工作中有类似的抱怨,请暂时停下你前进的脚步,问一下自己为什么不能像玲玲那样快乐地做事呢?

要想快乐地做事,其实也不是困难的事情,只要做到如下几点,快乐就能重新回到你的工作之中:

首先,要正视现实,人必须以工作而生存,将工作视为一种终生的成长历程;

其次,上司提出建议、警告甚至批评时,不要视为一种压抑,而是视为一种有益的帮助,能使你很快进入状态,成为团队中的一员;

再次,在工作中找到乐趣,让乐趣变成天天都有的小成绩,可别小看小成绩,小成绩可以积累大信心;

最后,找到一个能够发挥潜力、激励自己的工作方法。在工作中要找出什么是你喜欢而且擅长做的,并且将你的热情与事业结合在一起。

我们每个人都是这个世界的过客,即使活了百岁也不过三万六千天,不论你快乐着做事或烦闷着做事,每过一天就少一天。既然如此,何不尝试着带着愉悦的心情去做事,让自己的每一天都充满快乐呢!

7

快乐做事和做快乐的事

真正做到快乐做事,并做了快乐的事,才能更好地在行动中享受成长的快乐!

在工作中做快乐的事,和快乐做事是所有人的愿望,但愿望终究是愿望,大多数员工越想做快乐的事却越快乐不起来,为什么?原因是期望值太高或心态出了问题,很多人做了本以为快乐的事,却发现同样一件事在别人做起来很快乐,自己做起来却很痛苦。

有一位汽修厂的员工,上学时就特别喜欢各种汽车模型,于是不顾一切地放弃学业,毅然决然地去了一家汽修厂。终于能最近距离靠近各种类型的汽车,对那时的他来说充满了好奇,他认为在那里生活肯定很有意思。

然而,到了工厂之后,他才发现这里的生活并没有想象的那么好。原来,每部汽车里有大大小小不下几万个零件,而他最先要学会的,就是认识这些零件,了解这些零件的功能,然后把它们按标准组装起来。为了记清楚这些零件的名称和功能,他花费了许多时间和精力,常常累得连走路的力气都没了。他是选择了自己喜欢做的事,但却一点都高兴不起来。

起初,他为这种生活感到痛苦不堪,但不久之后就有了新的认识。他觉得与其带着消极失望的情绪生活,不如积极去适应工厂的生活,从这种枯燥的生活中找到乐趣。下定决心之后,他一改之前的心态,以崭新的面貌去迎接工作中的每个挑战。

以前他觉得背零件名称很苦,但现在他把这些当成是一种乐趣,因为从这些零件中,他找到了整个机器能正常运行的规律,他发现一部看起来外型很平滑简单的汽车,其内部却像一个人的五脏六腑,在正常运转时,零件之间都会产生连动联系,缺一不可。以前他觉得工厂的生活太过枯燥,现在却因为工作关系,结交了一些好同事,他们都是经验丰富的汽修能手,也从他们那里听到不少有关汽车的奇闻乐事。

工作两年后,他不仅掌握了修车的技术,还当上了班组长,原因就是工厂里的每件事都让他感受到了快乐。在工厂中过着快乐生活的他,感觉日子过得飞快,再也没有当初那种度日如年的感觉了。

在工作中改变心情,就要从改变心境做起。快乐地去看去做一件事,是很幸福的事。打个比方,同样去做一种工作,有的员工犹豫抗拒、磨磨蹭蹭、自寻烦恼。有的员工却快乐承受,迅速处理,优质高效。他们收获的不仅是不同的成果,更是不同的心情。所以,不论做什么都要有快乐的心态,让自己成为性格豁达、快乐工作的人,度过人生充实的每一天。

做快乐的事更能让你感到幸福,体会到在成长中快乐的滋味。比如我们工作,如果不喜欢会感到乏味,或者不够全心地投入工作。如果我们做了自己喜欢的工作,那就是做了快乐的事。员工对待工作的态度快乐与否,是主动响应的,还是被动服从的,这些直接影响到我们的工作效率。

真正做到快乐做事,并做了快乐的事,才能更好地在行动中享受成长的快乐!

8 快乐比成功更重要

与其说快乐能带来成功,还不如说成功的过程能带来快乐,成功的目的是带来快乐!

工作的快乐重要,还是成功更重要?对这个问题恐怕每个人都有自己的回答。而你如何取舍,直接反映了你的人生观、价值观,直接影响到你的工作和生活,关乎你的人生能否得到真正的幸福。

我们的员工中,有很多人渴望财富和权力,渴望甜蜜的爱情,渴望事业有成,认为这些才是每个人的价值体现。也许在他们看来,只有成功了才能感到快乐,成功是快乐的前提。其实不然,成功并不一定能够带来幸福和快乐,而失败也不一定会结出苦果!

现实中腰缠万贯、位高权重、事业有成但不快乐、不幸福的人比比皆是。而家境贫寒、一贫如洗,却过着快乐生活的家庭也经常可以见到。这说明,成功但不快乐的人未必幸福,不成功但快乐的人未必不幸福,可见,幸福总与快乐结伴同行。

幸福是一件很简单的事,并不一定非要成功了或者达成目标了才会幸福。只要你选择了正确的人生观,选择了自己喜欢的事,喜欢的朋友,就能过上轻松舒适的生活。

工作上的成功是可以被刷新的,而工作中的快乐却可以相伴我们每一天,人生苦短,为什么不快快乐乐地过好每一天呢?从这个意义上说,快乐比成功更重要。

我们做任何事情都应尝试着乐在其中,因为快乐才是我们做事时最值得争取的目标。带着这个目标,带着这种渴盼,我们总能发现工作中的乐趣,这会让我们更热爱工作,对工作更认真、更投入,而这种状态自然有助于把事情做好。

名人的成功经验中总是蕴藏着给我们的启示,我们也总是可以从名人成功的足迹中找到快乐比成功更重要的佐证。

著名企业家、中星微电子董事长邓中翰先生在接受记者采访时,就认为快乐比成功更重要。

在邓中翰带领下,中星微电子公司曾研制出“星光中国芯”系列数字多媒体芯片,这一高科技成果的诞生,标志着我国的信息产业进入了一个新的里程碑,因为数字多媒体芯片技术是当今世界信息产业的一个技术高峰。

虽然取得了如此令人瞩目的成就,但邓中翰显得很平静,他不认为自己正处于事业的巅峰,事实上他并不喜欢“巅峰”、“成功”这样的字眼。他一直认为,做自己该做的、爱做的、擅长做、觉得快乐的事情,就是成功的快乐。在邓中翰的观念中,自己所做的每一件事,只要对自己的公司、团队,对国家和社会有意义,那就会非常快乐,这才是他最看重的。

邓中翰的这一做人做事风格,与他在美国所受的教育密不可分。在他就读的学校,墙上挂着许多诺贝尔奖获得者的照片,而自己的住所附近,就有许多全美闻名的富人,他们虽然腰缠万贯,但却过着普通人一样的生活,因为他们深知快乐比成功更重要。

快乐比成功更重要,只要我们能获得快乐,又何必达到别人的成功标准,只要我们能获得快乐,我们就已得到了最大的成功!

成功不一定带来快乐,但快乐做事却能为我们带来成功!大量心理学研究证实:心情好的时候最有利于发挥一个人的潜能;快乐还能提高我们做事的效率,激活我们无穷的创造力,有助于我们做出正确的决策;经常快乐的人往往思想开明,乐于助人,他们也更容易得到别人的反馈,进而使自己更加快乐!

当我们在工作中快乐地去做一件事情的时候,我们能充分享受做事的过程,做这件事本身就成了一种心理需求,所以我们不再患得患失,不再害怕失败。

尽管如此,与其说快乐能带来成功,还不如说成功的过程能带来快乐,成功的目的是带来快乐!快乐才是工作中最实在、最幸福、最高尚的目标!

9

快乐工作,就是不断改变自我形象

快乐工作的价值,就在于把过去美好的设想化为未来真实的存在。

企业里的每一名员工,都无时无刻不在创造正面或负面的自我形象。而对于员工来说,当然每个人都希望自己能在老板面前的形象是“精英骨干”;在同事面前的形象是“技术专家”;在企业里留下的形象是“公司以你为荣”。然而自我形象的产生、形成、巩固,是一个漫长且客观的过程,不一定会朝着我们内心的主观意愿去进行,就好比战斗机的自我驾驶模式,它只遵照我们的态度和信念去执行,而不一定能为我们带来预期的效果。在我们的工作岗位上,每个人都渴望能体现自身的价值,受到别人的尊敬和青睐,得到鲜花和赞美,那么我们该如何去塑造一个良好的自我形象呢?

闻名世界的“大卫”雕像,最初竟然只是一块有缺陷的大理石。由于太过狭长,它被雕像家们闲置了40年,直到天才雕塑家米开朗基罗在它身上得到独特的灵感。米开朗基罗在心中巨细无遗地描绘出大卫的容貌形态以后,才开始动工,将全部心血倾注在这块石头上,勾勒打造出内心的艺术作品。当“大卫”雕像以优雅、气宇轩昂的魅力征服艺术界的时候,有人好奇地问米开朗基罗是如何化腐朽为神奇,用如此不起眼的材料打造出完美的艺术作品。他笑着说,其实大卫的形象早就存在于这块大理石中,自己身为艺术家所做的,只是掀开了上面遮盖的布幔而已。

企业里每个员工最初的自我形象,是不是就像这块未经雕琢过的石头呢?由于技术生疏、缺乏经验,起初我们可能不被看好,甚至遭到冷落和误解。这时候我们需要做的,是保持平和快乐的心态,从内心世界发现自己未被察觉的优点,不断进步、优化,抚平粗糙的棱角,打造优美的轮廓,“雕刻”出一个优秀的自我。

这个雕刻的过程,也是每个员工得到自我探索和自我提高的过程。过程中,我们会感到非常快乐,我们看到自己一步步成长,越来越接近那个想要的自己。多么幸运,不知不觉中,我们实现了当初很多被闲置的梦想,创造了越来越契合内心目标的人生!赢家教练丹尼斯博士在全球各地举办目标达成研讨会时,曾在会上鼓励大家利用独自散步的时间反省四个问题:

(1)如果可以随心所欲做我喜欢的事,我明天一早会做什么?

(2)小时候,我喜欢做什么,特长是什么,并因此感到自豪?

(3)现在我喜欢做什么,值得自豪的事情是什么?

(4)我做了哪些事情既能帮助别人,又让自己满足和自豪?

回忆过去,真的会对现在产生影响吗?英国曾制作过这样的一系列电影,记录50个人从童年到中年,差不多30年的生活。有趣的现象是,几乎所有人后来从事的职业都与他们童年的兴趣和梦想有关。这证明童年的爱好、专长,在潜意识里深深影响着我们长大后的职业才华和规划。

企业里很多员工工作起来觉得没有激情,甚至觉得和自己最初的想象南辕北辙。这时候不妨像上述方法回忆一下自己曾经的梦想,曾经因为什么而非常满足和快乐。然后联系现状,想想怎样能在未来的职业生涯规划中"植入"这个梦想,找回快乐工作的心境。某天你发现,过去美好的设想因为你的努力被完整而清晰地带到真实的世界里,你会感到无比幸福和自豪,也就离优秀和成功不远了。

10

乐在工作,也是一种权利

当你把工作当成义务,它可能就是痛苦的。当你把工作当成权利,它一定就是快乐的。

在企业中,我们到处可以听到这样的抱怨:每天像机器一样做同样的工作,无聊死了;那么多杂乱细小的事情要处理,麻烦死了;生活里除了工作还是工作,这样的日子哪天是个头啊……随着现代生活的节奏日益加快,企业里的员工们更多时候变得对工作很麻木、厌倦,渴望摆脱现状,其实是他们迷失了自己,误解了工作的意义,这也是普遍存在的一个问题。大多数人把工作当成一种生计的工具,工作中不由自主地把自己归为被剥削的一方,权利被占有的一方。其实恰恰相反,工作的本意是充实生活,带给我们快乐、幸福,实现自我价值,并带来相应的成就感和荣誉感。乐在工作,应该是每一个员工应享有的权利。

首先，乐在工作是每个人与生俱来的权利。像衣食住行一样，工作是我们生活中不可缺少的一部分。每个人都该享有工作所带来的快乐和价值的权利，不被其他人剥夺和影响。

刘墉先生的文章《工作的权利》中有这么一个故事：某天他看见一个女工在路边很费力地用铁锹挖路，旁边的男工却坐在一旁只顾聊天，就有些不平地让男工去帮帮女工。谁知道女工却抢先说了，是她自己不要帮忙的，她觉得这是自己分配到的任务，应该靠自己的力量完成。她有句话让人印象很深："这是我的工作，也是我的权利！"我们常常错误地把工作当成负累，当成别人加给我们身上的包袱，能扔掉落得轻松最好。换个角度想一想，如果你把工作机会当成自己的私有财产，把工作职能当成企业赋予我们的权利，便会在心里更尊重自己的工作，工作时才能获得更大的快乐。

其次，乐在工作是一种选择权。公司里可以看到两类员工，一种拖拉散漫，一种热情积极，这就是因为他们对待工作的心态不一样。前者把工作当作压力和惩罚，非常讨厌自己的工作，但由于现实的种种原因又不能摆脱现状，所以觉得每天的日子都非常苦闷，"上班的心情比上坟还沉重"；后者则把工作当作权利和享受，每天都很开心，热爱工作中的一切，并为每次的进步感到喜悦。常言说得好，快乐地过一天也是过，烦恼地过一天也是过。快乐其实不在于外因，你的不快乐不是工作带给你的，而是你的内心在为难自己。

某个员工辞掉了待遇不错的工作，周围的朋友表示不理解，他告诉别人说："之前的工作不算辛苦，薪水也不低，但是我不喜欢，在其中体会不到快乐。与其每天把工作当苦差，不如换一份自己喜欢的工作，做起来才有激情有效率啊。"每个员工都有权利去选择自己喜欢的工作，当你在工作中体会不到乐趣的时候，要么调整心态去让自己慢慢爱上眼前的工作，要么干脆再重新做选择。没有人逼着你在不快乐的工作上一直挣扎徘徊，这样只会得不偿失。

接着，乐在工作是一种权力的体现。生活中我们都更希望和快乐积极的人相处，在企业中更是如此，快乐的员工更容易赢得领导的信任和同事的喜爱，更容易获得成功的机会和他人的帮助。

工作中,快乐像空气一样四处传播:一个人的快乐会感染周围的人,让他们更喜欢围绕在自己身边与之共事,从而帮助自己成就一番事业。一个快乐的集体会更加有凝聚力,员工会为之自豪并产生更大的积极性,释放全部的热情投入到工作中,体现自身最大的优势和价值。性格决定命运,成功的人往往都有一个共同的特点,身上具有一种无法形容的魅力和吸引力,其实那就是快乐的因子,这是他们在事业道路上为自己赋予的"软权力"。乐在工作的心态,将是一名员工由平凡走向优秀的"得力助手"。

最后,乐在工作是每个人的利益所在。企业中形形色色的员工,参加工作的动机同样不尽相同,大体可以归纳为生存、事业、兴趣等。每个人对工作都有一定的期待,期待它能满足我们的某种需求,如金钱、名誉、成就感或者仅仅是内心的兴趣和快乐。这样想起来,工作是一种多么好的存在啊,它几乎能满足我们想要的一切。在工作的时候,想着它能赋予我们的利益,以及我们希望从中获得的,目标会更加明确,心情也更加愉悦。当然,只有乐在工作,不断完善自己,提高工作效率,顺利地完成各项任务,工作才会兑现承诺给我们的利益甚至更多。

乐在工作,是企业里每个员工的权利。你有权在这份独一无二的工作上,成就独一无二的自我价值。

11

乐在工作,也是一种能力

快乐,不仅是一种心境,一种态度,更是一种能力,在工作中比其他所有能力都更重要和能产生效益。

相信每个员工都希望能时刻保持工作的激情,以快乐的心态去投入工作。毕竟工作占据了生活中大部分的时间,没有人希望成天到晚都不开

心。然而很多员工还是觉得企业提倡的“乐在工作”更像是一种口号,现实工作中,有太多客观的因素在阻碍我们快乐的心情:

(1)当工作量已经过大超出我们的身体和精神负荷,无法按期完成,只好没完没了地加班,这种疲累的状态下很难感受快乐。

(2)当员工个人的价值观和企业追求的价值观有所冲突甚至背道而驰的时候,比如你的个性是活泼开朗,而企业环境却相对沉闷无趣,你就很难融入集体,处理好同事关系。比如公司的风格是只求增加客户数量而不保证服务质量,而你本身是个完美主义者,希望和每个客户处理好关系以求长远合作,你就很难完成公司布置的额度任务,并得不到领导的重用。这些情况发生的时候,员工会处于矛盾痛苦的心理,甚至产生离开企业的想法。

(3)当企业内部进行变化调整,比如部门重组,更换领导,调整薪水,人员辞职,等等变动都会让员工的情绪受到很大波动。

(4)当企业给予的薪酬待遇和福利情况不符合自身的期望时,员工会觉得受到了剥削,心理产生不平衡。或者在工作了一段时间以后,员工的发展不如之前的期望,会感到信心受挫,工作热情降低。

确实,以上的情况每天都在企业里发生,在我们的工作中遇到。员工的心情随之起伏波动,很难维持在快乐愉悦的状态,这种情形难以避免。但“乐在工作”绝对不是企业提倡的空洞口号,而是每个员工应该追求的一种生活态度,更是一种让自身获得幸福的能力。

每个员工都必须培养各种能力才能更好地应付工作,如过硬的技术能力,灵活的人际交往能力,然而,比这些都更为重要的是“乐在工作”的能力。它能让我们在工作中保持充沛的精力,提高工作效率,遇到困难的时候也能乐观地接受挑战,并不断有新奇的创意产生。快乐是一种心情,可以自我调整;快乐是一种态度,可以自主改变;快乐是一种方法,可以不断学习;快乐更是一种能力,可以不断修炼。

针对以上列举的四种导致员工工作中不快乐的因素,优秀的企业专家给出了相应的解决办法:

(1)不断提升自己的工作能力,提高工作效率,争取按时完成工作。假如工作量真的过大导致自身压力很大,可以把已经完成的部分记下来,交代好工作的性质、流程和还需要完成的时间,向领导坦白说明,延续工作期限或者申请助手帮忙。

(2)员工不可能要求企业或者环境来适应自己,只能自己主动去适应环境。在不适应的状况下,找到自身可能存在的问题加以协调改善融入环境,或者发挥自己的影响力,来创造一个你喜欢和熟悉的小环境。

(3)对企业的调整不需要有太多的顾虑和担忧,只专注于自己工作的领域,保持热情把上级交代的任务都完成好,更可以有另外一种积极的心态,把每次的危机意识都转化为动力,当成是自身的发展机会,努力进步,快乐成长。

(4)当感觉自身的期望没有得到满足时,不妨先摆正态度看看自己的工作业绩是否应该获取更高的报酬。如果是,不妨勇敢地和老板谈谈待遇问题。如果业绩还不够,就沉住气继续学习,眼光放长远一些,不要只盯着薪水,而要看到自己在企业里得到的锻炼和能力的提高,这都是比金钱更宝贵的收获。

当然了,"乐在工作"的能力,是一个双向培养的过程。不光要靠员工自身调整,更离不开所处企业的环境影响。在一个温暖和有归属感的企业里,员工的快乐指数才会高。员工受到公平的对待,心理才会平衡,才有更饱满的工作热情;工作环境舒适,员工才能更加专注于手上的工作,并享受到工作的乐趣;团队氛围融洽,员工才能把企业当成大家庭一样,乐意奉献自己的技能和才华。所以,"乐在工作"的能力,是优秀的企业和优秀的员工共同打造出来的,缺一不可,互利共赢,它能帮助企业和员工一起走向成功和幸福。

附 录

测试你是不是“乐于去做型”员工

请在下列各题的备选答案中选择你认为最恰当的一项(选 A 得 1 分,选 B 得 2 分,选 C 得 3 分)

1. 在纷乱喧嚣的环境里,你(　)

A. 总是不能静下心来去工作

B. 仍然能够集中精力去工作,但工作是效率会下降

C. 不会受影响继续工作

2. 当领导批评你的时候,你(　)

A. 总是想着找借口去反驳

B. 接受批评,但是心里很不愉快

C. 会认真地听取批评意见,并总结经验教训

3. 在你工作正忙的时候,有同事突然走过来打断了你的工作,你(　)

A. 会非常的生气,直接让对方走开

B. 会不搭理对方

C. 会询问对方是否需要帮助

4. 当你在工作中遇到困难之时,你(　)

A. 总是会选择放弃,因为从来不相信自己能够克服困难

B. 不会选择放弃,但总是被动地等着同事过来帮忙

C. 能够积极地去面对困难,会主动寻求帮助以解决困难

5. 在实现工作目标之时,你(　)

A. 会边做边看,没有要实现的决心

B. 会认真去实现,但是不能保证结果

C. 会下定决心去做,无论如何都要获得最佳的结果

6. 在受到领导表扬时，你(　)

A. 总是会洋洋得意地接受，并将受表扬的事情告诉每一个同事

B. 会保持谦虚，但内心深处感到高人一等

C. 会保持谦虚的态度，在以后的工作中追求更优秀的成绩

7. 在工作中和同事发生争吵之时，你(　)

A. 总是会停下工作大声地争吵，直到自己出完气为止

B. 会继续自己手中的工作，但口中依然喋喋不休

C. 会继续认真地工作，等待下班找个合理的方式去处理问题

8. 当领导不在工作现场的时候，你(　)

A. 总是会偷点懒，毕竟领导不在的时候非常少

B. 会继续工作，偶尔会偷点懒

C. 会继续认真地工作，并且有意识地提醒其他同事不要偷懒

9. 当同事在工作中遇到困难的时候，你(　)

A. 总是不会去管，因为与自己没有直接利害关系

B. 会帮助他们，但是前提必须他们寻求你的帮助

C. 会积极主动地去帮助他们，并且将这视为自己的责任

10. 你在工作中是否专注热情(　)

A. 做得差不多就行了，没必要做到最好

B. 会在某些时间段保持专注与热情，但是从来不会一直都保持专注与热情

C. 会一直保持专注热情的态度，努力去完成每一项工作任务

11. 你在工作中的唯一的目标动力就是金钱(　)

A. 是的，我工作的唯一目的就是为赚钱

B. 很看重薪资待遇，但不是唯一的目标动力

C. 不是，工作中的乐趣才是我唯一的目标动力

12. 你在工作中是否拥有很多不好的习惯(　)

A. 有很多，不过也没有对工作造成太大影响

B. 有一些，不过以后有机会了会改掉

C. 有，但是每发现一个坏习惯都会积极主动地去改掉

13. 你在工作中是否会给自己制定工作计划(　)

A. 根本不会制定工作计划，因为只要按照领导的安排去做就可以

B. 偶尔会制定工作计划，主要视工作的繁忙程度而定，忙就有不忙就没有

C. 每天都会制定工作计划，因为工作计划会提升工作效率

14. 你在工作中是否会积极地去进行创新( )

A. 根本就不会，因为每一次创新都会有风险

B. 有一定的创新意识，但是不会去积极主动地创新

C. 会积极主动地进行创新，因为创新是每一个员工的天职

15. 工作中必须要与别人协调工作，你( )

A. 从来不会想着去协调，因为只要做好自己的分内事就好

B. 会和别人协调工作，但必须是领导要求的

C. 会积极地配合每一个同事做好工作，只有大家都做好了才能够获得好成绩

16. 你是一个第一次就会把事情做到位的员工( )

A. 根本不会，总是第一次把事情做到位会很辛苦的

B. 有时候会，不过总是无法一直都坚持

C. 一直都会，第一次把事情做到位能让自己和企业都获得很好的结果

17. 你在工作中总是会将自己的特长发挥出来( )

A. 从来都不会，因为工作就是混个生计，没有必要做的太多

B. 经常会，不过发挥出自己的特长要看工作的难易程度

C. 一直都会，因为在工作发挥出自己的特长能够将工作做得更好

18. 如果领导让你去做一件自己从来没有做过的工作，你( )

A. 会毫不犹豫地拒绝掉，因为你根本没有把握

B. 会考虑之后在决定接不接受，因为从来没有做过的工作都有很大的责任风险

C. 会听从领导的安排，并积极地寻求相关的帮助与支持，争取将没有做过的工作做好

19. 你的身体在工作中越来越差( )

A. 是的，繁重的工作已经使得我的健康严重受损

B. 有一些，总是在工作感到身体十分疲倦，心情十分沉重

C. 没有，我在工作中总是感到很快乐，身体一直都很棒

20. 你在工作中是不是一个很有团队精神的员工(　)

A. 根本不是,我总是做自己的事情从不关心团队的发展

B. 关心团队的发展,但是却不会经常为团队的发展建言献策

C. 非常关心的团队的发展,将团队的良好发展视作为自己的重要职责

参考答案:

20~35:这类员工在工作根本就感受到不到任何的乐趣,工作对于他们来说仅仅是混口饭吃的工具。他们在工作中态度不积极,做事情容易出错,根本受不到领导与同事的赞赏,归根结底就是因为他们没有正确的工作观,因此他们根本就不是乐于去做型的员工。所以,对于这类员工而言,他们最应该做的就是树立正确的工作观,从内心深处真正地开始改变,从做好每一项工作开始,在一点一滴的改变中自己,让自己成为一名乐于去做型的员工。

36~52:这类员工是合格的乐于去做型员工,但是他们并不是优秀的乐于去做型员工。他们能够在工作中感受到乐趣,凡事都有一个比较积极的态度。不过,他们总是无法将工作做到尽善尽美,而且善于去为工作中的不到位现象找借口。实际上,这类员工并不是不愿意将工作做好做到位,而是责任心不够。所以,他们要想做一名优秀的乐于去做型员工,就必须不断增强自己的责任心,敢于将工作负责到底,才能够实现自己的蜕变。

52~60:毫无疑问,这类员工就是优秀的乐于去做型员工。他们在工作中有着积极的态度,能够在工作中一直都保持着专注与热情,“快乐工作,高效去做”是他们的工作理念,所以他们总是能够在工作中获得足够的满足感和荣誉感,会成为其他人学习的“标杆”。

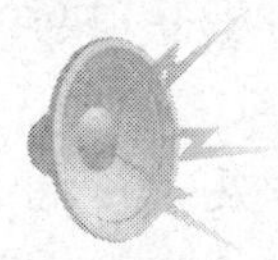

开心时刻

另一部好

一个十分自信的青年人夹着两大本乐谱，来找罗西尼。“指挥答应演奏我的两首交响乐中的一首，我想让您听一下哪一首好。”青年说着就坐在钢琴前弹给罗西尼听。罗西尼听了几小节以后，实在听不下去了，便走过去把乐谱合起来，拍着青年的肩膀说：“年轻人，不必弹了，我想，还是另一部好！”

音乐家和马车夫

意大利音乐家帕格尼尼(1782—1840 年)雇了一辆马车赴剧院演出，眼看就要迟到了。他请车夫快点赶路。

“我要付给你多少钱？”帕格尼尼问道。

“10 法郎。”

“你这是开玩笑吧？”

“我想不是，今天人们去听你用一根琴弦拉琴(指帕格尼尼演奏他创作的一些 G 弦上的技巧艰难深的乐曲)，你可是每人收 10 法郎！”

“那好吧，”帕格尼尼说，“我付你 10 法郎，不过，你得用一个轮子把我载到剧院。”

提琴不喝茶

一位贵妇邀请帕格尼尼第二天到她家去喝茶。帕格尼尼接受了邀请。

贵妇很高兴，告别时，笑着对帕格尼尼补充说：“亲爱的艺术家，请你千万不要忘了，明天来的时候带上您的提琴！”“这是为什么呀？”帕格尼尼故作惊讶地说，“夫人，您是知道的，我的提琴从不喝茶。”

一块蛋糕

作曲家贾科莫·普契尼和意大利音乐家、乐队指挥阿图尔·托斯卡尼尼(1867—1957 年)是一对老搭档。每年圣诞节贾科莫都要给他的朋友送一块蛋糕。有一年圣诞节前夕，贾科莫同阿图尔吵了一架，因此想取消送给他的蛋糕，但为时已晚，蛋糕已经送出了。

第二天，阿图尔收到贾科莫的电报："蛋糕错送了。"他便随即复了份电报："蛋糕错吃了。"

评剧妙语

在意大利作曲家M·路易吉·凯鲁比尼（1760—1842年）担任巴黎音乐学院督学时，有一位学生写了一个歌剧打算上演。在试演该剧时，他邀请凯鲁比尼去观看，想看到权威的评价。

凯鲁比尼耐心地看完了一幕，又看了第二幕，但未作一句评论。年轻的作曲家看着他如此专心观剧而沉默不语，紧张得在凯鲁比尼的包厢里进进出出。最后，他再也无法掩饰自己的焦虑，问凯鲁比尼："先生，您有什么话和我说吗？"凯鲁比尼抓住他的手，亲切地对他说："我可怜的小伙子，我能说什么呢？我已经花了两个小时听着，但你对我什么也没说。"